Christiane Mázur Lauricella

Física - Volume I
MECÂNICA

Contém 58 exercícios resolvidos e
detalhadamente comentados envolvendo
trabalho, energia e potência

Física – Volume I - Mecânica – Contém 58 exercícios resolvidos e detalhadamente comentados envolvendo trabalho, energia e potência
Copyright© Editora Ciência Moderna Ltda., 2012

Todos os direitos para a língua portuguesa reservados pela EDITORA CIÊNCIA MODERNA LTDA.

De acordo com a Lei 9.610, de 19/2/1998, nenhuma parte deste livro poderá ser reproduzida, transmitida e gravada, por qualquer meio eletrônico, mecânico, por fotocópia e outros, sem a prévia autorização, por escrito, da Editora.

Editor: Paulo André P. Marques
Produção Editorial: Aline Vieira Marques
Assistente Editorial: Lorena Fernandes
Copidesque: Eveline Vieira Machado
Diagramação: Tatiana Neves
Capa: Carlos Arthur Candal

Várias **Marcas Registradas** aparecem no decorrer deste livro. Mais do que simplesmente listar esses nomes e informar quem possui seus direitos de exploração, ou ainda imprimir os logotipos das mesmas, o editor declara estar utilizando tais nomes apenas para fins editoriais, em benefício exclusivo do dono da Marca Registrada, sem intenção de infringir as regras de sua utilização. Qualquer semelhança em nomes próprios e acontecimentos será mera coincidência.

FICHA CATALOGRÁFICA

LAURICELLA, Christiane Mázur.

Física – Volume I - Mecânica – Contém 58 exercícios resolvidos e detalhadamente comentados envolvendo trabalho, energia e potência

Rio de Janeiro: Editora Ciência Moderna Ltda., 2012.

1. Física. 2. Energia-física - Mecânica dos Sólidos - Mecânica. Cinemática.
I — Título

ISBN: 978-85-399-0306-1   CDD 530
                                                                    531

Editora Ciência Moderna Ltda.
R. Alice Figueiredo, 46 – Riachuelo
Rio de Janeiro, RJ – Brasil   CEP: 20.950-150
Tel: (21) 2201-6662/ Fax: (21) 2201-6896
E-MAIL: LCM@LCM.COM.BR
WWW.LCM.COM.BR

Introdução

Este trabalho, escrito em linguagem simples e direta para o leitor, aborda, dentro da Física, os tópicos Trabalho, Energia e Potência, reunindo questões de vestibulares da Fuvest, do ITA, da Fatec, da Unifesp, do Mackenzie, da PUC, da FEI e de outras instituições, além do Enem.

Essas questões foram agrupadas nos seguintes grandes blocos:

- Trabalho.
- Energia potencial gravitacional e trabalho do peso.
- Energia cinética.
- Energia potencial elástica.
- Energia mecânica e sistemas conservativos e não conservativos.
- Teorema da energia cinética.
- Potência mecânica.

As introduções teóricas usam exemplos do cotidiano, explorando conceitos a partir de casos próximos da realidade do dia a dia do leitor.

Em todos os capítulos, há vários exemplos que são resolvidos de maneira detalhada, contendo o passo a passo da solução, em uma conversa informal entre as partes.

Outro diferencial deste livro está nas diversas ilustrações que auxiliam o leitor a visualizar os temas tratados na teoria e nos enunciados dos exemplos.

Sumário

Capítulo 1
Trabalho 1

    1.1. Trabalho – conceitos e fórmulas 1
    1.2. Trabalho realizado pela resultante das forças 11
    1.3. Trabalho calculado pelo gráfico da força pelo deslocamento 13

Capítulo 2
Energia Potencial Gravitacional e Trabalho do Peso 23

    2.1. Energia potencial gravitacional – conceitos e fórmulas 23
    2.2. Trabalho do peso (trabalho da força peso) 30

Capítulo 3
Energia Cinética 37

    3.1. Energia cinética – conceitos e fórmulas 37

Capítulo 4
Energia Potencial Elástica 45

    4.1. Energia potencial elástica – conceitos e fórmulas 45

Capítulo 5
Energia Mecânica e Sistemas Conservativos e Não Conservativos 49

    5.1. Energia mecânica e sistemas conservativos e não conservativos – conceitos e fórmulas 49
    5.2. Princípio geral da conservação de energia 50

Capítulo 6
Teorema da Energia Cinética 93

    6.1. Teorema da energia cinética - conceitos e fórmulas 93

Capítulo 7
Potência 109

    7.1. Potência - conceitos e fórmulas 109

Lista de Figuras

Figura 1.1. Bloco arrastado por uma força F constante desde o ponto A até o ponto B. 1
Figura 1.2. Atleta sustentando uma barra com discos. 4
Figura 1.3. Força F sobre a cabeça do palito de fósforo. 5
Figura 1.4. Força F sobre o carrinho no trecho horizontal AB. 7
Figura 1.5. Força F sobre o carrinho no trecho inclinado BC. 7
Figura 1.6. Força F inclinada puxando um carro em uma estrada retilínea horizontal. 9
Figura 1.7. Forças que atuam no bloco. 10
Figura 1.8. Bloco solicitado por duas forças horizontais constantes. 11
Figura 1.9. Força resultante sobre o bloco. 13
Figura 1.10. Trabalho obtido graficamente. 14
Figura 1.11. Trabalho obtido graficamente – Exemplo 1.6. 15
Figura 1.12. Trabalho obtido graficamente – Exemplo 1.7. 16
Figura 1.13. Trapézio (área A1), retângulo (área A2) e triângulo (área A3). 16
Figura 1.14. Trapézio (área A1). 17
Figura 1.15. Retângulo (área A2). 17
Figura 1.16. Triângulo (área A3). 18
Figura 2.1. Nível de referência (Ep = 0). 23
Figura 2.2. Situação do exemplo 2.1. 25
Figura 2.3. Situação do exemplo 2.2. 26
Figura 2.4. Lustre L em uma sala de jantar. 27
Figura 2.5. Móvel nos pontos A e B. 28
Figura 2.6. Um bloco cai pela ação da força peso. 30
Figura 2.7. Pontos A e B e o nível de referência adotado. 34
Figura 3.1. Indicação do ponto no gráfico. 39
Figura 4.1. Bloco preso a uma mola não distendida. 45
Figura 5.1. Situação descrita no Exemplo 5.1. 51

Figura 5.2. Indicações de informações do enunciado – Exemplo 5.2. 53
Figura 5.3. Indicações de informações do enunciado – Exemplo 5.5. 60
Figura 5.4. Indicações de informações do enunciado – Exemplo 5.6. 62
Figura 5.5. Ilustração – Exemplo 5.6. 65
Figura 5.6. Ilustração – Exemplo 5.10. 72
Figura 5.7. Ilustração – Exemplo 5.12. 75
Figura 5.8. Ilustração – Exemplo 5.13. 77
Figura 5.9. Ilustração – Exemplo 5.15. 80
Figura 5.10. Ilustração – Exemplo 5.16. 83
Figura 5.11. Visualização de hA e xB. 85
Figura 5.12. Ilustração – Pontos A e B 88
Figura 5.13. Ilustração – Exemplo 5.18. 90
Figura 6.1. Bloco solicitado por duas forças horizontais constantes. 93
Figura 6.2. Força resultante sobre o bloco. 94
Figura 6.3. Pontos A e B da trajetória do atleta. 97
Figura 7.1. Ilustração – Exemplo 7.1. 110
Figura 7.2. Trabalho realizado pela força de tração na região em que ela é constante. 112
Figura 7.3. Dimensões do retângulo da Figura 7.1. 112
Figura 7.4. Potência recebida pelo motor de combustão. 117
Figura 7.5. Potência dissipada para o ambiente. 117

Lista de Tabelas

Tabela 1.1. Símbolos e fórmula - trabalho. 2
Tabela 2.1. Símbolos e fórmula – energia potencial gravitacional. 24
Tabela 2.2. Símbolos e fórmula – trabalho da força peso 31
Tabela 2.3. Símbolos e fórmula – trabalho da força peso 32
Tabela 2.4. Símbolos e fórmula – trabalho da força peso (alternativa). 33
Tabela 3.1. Símbolos e fórmula – energia cinética. 37
Tabela 4.1. Símbolos e fórmula – energia potencial elástica. 46
Tabela 5.1. Resumo das informações do enunciado – Exemplo 5.1. 51
Tabela 5.2. Energia cinética e energia potencial da bola nos pontos A e B. 52
Tabela 5.3. Energia mecânica da bola nos pontos A e B. 52
Tabela 5.4. Resumo das informações do enunciado – Exemplo 5.2. 54
Tabela 5.5. Energia cinética e energia potencial do esqueitista. 55
Tabela 5.6. Energia mecânica do esqueitista. 55
Tabela 5.7. Resumo das informações do enunciado – Exemplo 5.3. 57
Tabela 5.8. Energia cinética e energia potencial da bola nos pontos A e B. 57
Tabela 5.9. Energia mecânica do esqueitista nos pontos A e B. 58
Tabela 5.10. Resumo das informações do enunciado – Exemplo 5.5. 60
Tabela 5.11. Energia cinética e energia potencial do sabonete. 61
Tabela 5.12. Energia mecânica do sabonete - pontos A e B. 61
Tabela 5.13. Resumo das informações do enunciado – Exemplo 5.6. 62
Tabela 5.14. Energia cinética e energia potencial da esfera. 63
Tabela 5.15. Energia mecânica da esfera - pontos A e B. 63
Tabela 5.16. Resumo das informações – alturas da bola (Figura 5.5). 65
Tabela 5.17. Resumo das informações – velocidades da bola (Figura 5.5). 66
Tabela 5.18. Energia cinética da bola nos pontos A, B, C e D. 66
Tabela 5.19. Energia potencial da bola nos pontos A, B, C e D. 66

Tabela 5.20. Energia mecânica da bola nos pontos A, B, C e D (parte 1). 67
Tabela 5.21. Energia mecânica da bola nos pontos A, B, C e D (parte 2). 67
Tabela 5.22. Resumo das informações do enunciado - Exemplo 5.9. 69
Tabela 5.23. Energia cinética e energia potencial do saco nos pontos A e B. 69
Tabela 5.24. Ponto médio M do segmento AB. 70
Tabela 5.25. Resumo das informações – pontos A e C (Exemplo 5.10). 72
Tabela 5.26. Energia cinética, potencial e mecânica da esfera nos pontos A e C. 73
Tabela 5.27. Resumo das informações – Exemplo 5.14. 78
Tabela 5.28. Energia cinética, potencial gravitacional e mecânica – Exemplo 5.14. 79
Tabela 5.29. Resumo das informações – Exemplo 5.15. 81
Tabela 5.30. Energia cinética, potencial gravitacional e elástica – Exemplo 5.15. 81
Tabela 5.31. Energia mecânica – Exemplo 5.15. 82
Tabela 5.32. Resumo das informações – Exemplo 5.16. 84
Tabela 5.33. Energia cinética, potencial gravitacional e elástica – Exemplo 5.16. 84
Tabela 5.34. Energia mecânica – Exemplo 5.16. 85
Tabela 5.35. Resumo das informações – Exemplo 5.17. 88
Tabela 5.36. Energia cinética, potencial gravitacional e elástica – Exemplo 5.17. 89
Tabela 5.37. Energia mecânica – Exemplo 5.17. 89
Tabela 5.38. Resumo das informações – Exemplo 5.18. 91
Tabela 5.39. Energia cinética e energia potencial gravitacional – Exemplo 5.18. 91
Tabela 5.40. Energia mecânica – Exemplo 5.18. 92
Tabela 6.1. Resumo das informações – Exemplo 6.3. 98
Tabela 7.1. Símbolos e fórmula - potência. 109

Capítulo 1
Trabalho

1.1. Trabalho – conceitos e fórmulas

Imagine um atacante pronto para cobrar um pênalti. Para que a bola seja colocada em movimento, isto é, seja chutada, é necessária a aplicação de força do pé do jogador na bola. Dizemos que o atacante realiza um trabalho sobre a bola, pois, se há a aplicação de força que gera o deslocamento do ponto de aplicação dessa força, temos a realização de trabalho, indicado por W.

Para que uma força realize um trabalho sobre um corpo, existe a necessidade de que esse corpo se desloque. Se um corpo permanece em repouso ("parado") sob a ação de uma força, essa força não está realizando trabalho sobre o corpo. Por exemplo, uma mãe que segura um bebê nos braços exerce força sobre a criança, mas essa força não realiza trabalho.

O trabalho W realizado por uma força constante aplicada em um corpo, durante o seu deslocamento horizontal desde A até B, é calculado pelo produto (multiplicação) entre intensidade da força (F), o deslocamento (d) e o cosseno do ângulo (θ) formado pela força e pelo deslocamento. Isso está representado na Figura 1.1 e no Esquema 1.1.

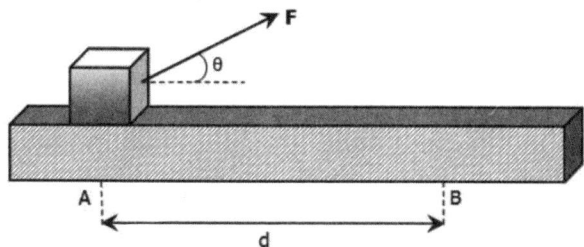

Figura 1.1. *Bloco arrastado por uma força F constante desde o ponto A até o ponto B.*

Esquema 1.1. *Cálculo do trabalho realizado por uma força constante.*

Trabalho realizado por uma força constante que atua sobre um corpo	=	Intensidade da força que atua sobre o corpo	x	Deslocamento sofrido pelo corpo	x	Cosseno do ângulo formado pela força e pelo deslocamento

A Tabela 1.1 mostra como podemos representar o Esquema 1.1 por símbolos e fórmula.

Tabela 1.1. *Símbolos e fórmula - trabalho.*

	Símbolo	Unidade	Como lemos a unidade
Trabalho realizado por força constante que atua sobre um corpo	W	J	Joule
Intensidade da força que atua sobre o corpo	F	N	Newton
Deslocamento sofrido pelo corpo	d	m	Metro
Ângulo formado entre a força e o deslocamento	θ	-	"Grau"
Fórmula para o cálculo do trabalho realizado por força constante que atua sobre um corpo	$W = F \cdot d \cdot \cos\theta$		

Podemos pensar no trabalho realizado por uma força sobre um corpo como sendo a energia transferida de "quem faz a força" para "quem recebe a força e sofre deslocamento".

O trabalho é classificado em motor ou resistente, conforme descrito a seguir.

Se a força estiver "a favor" do movimento, o trabalho W que ela realiza é motor (W > 0).
Se a força estiver "contra" o movimento, o trabalho W que ela realiza é resistente (W < 0).

Exemplo 1.1. Considere que uma força constante, de intensidade 5 N, desloque um bloco desde A até B, conforme indicado na Figura 1.1. Imagine que a distância entre A e B seja 3 m e que o ângulo θ que a força faz com a horizontal seja 37°. Calcule o trabalho realizado pela força **F** no deslocamento do bloco desde A até B.

Resolução.

Podemos utilizar o esquema abaixo para resolver o Exemplo 1.1.

Trabalho realizado pela força constante que atua sobre o bloco (W)	=	Intensidade da força que atua sobre o bloco (F = 5 N)	x	Deslocamento sofrido pelo bloco (d = 3 m)	x	Cosseno do ângulo formado pela força e pelo deslocamento (cosseno de 37° = 0,8)

Ou seja,

$$W = F \cdot d \cdot \cos\theta = 5 \cdot 3 \cdot \cos 37° = 5 \cdot 3 \cdot 0,8 = 12 J$$

A "pessoa" que exerceu a força indicada no enunciado transferiu a energia de 12 J para o bloco, fazendo com que ele sofresse o deslocamento de 3 m.

Exemplo 1.2. Imagine que um atleta de 85 kg consiga sustentar uma barra de 20 kg com discos de 30 kg por 3 minutos (Figura 1.2). Durante esses 3 minutos, o atleta exerce força sobre a barra? Em caso positivo, qual é o trabalho exercido por essa força sobre a barra?

Figura 1.2. *Atleta sustentando uma barra com discos.*

Resolução.

O atleta exerce força sobre a barra, senão ela não ficaria "suspensa"!

Como não há deslocamento da barra, a força exercida pelo atleta não realiza trabalho sobre a barra.

 Como o trabalho realizado por uma força constante aplicada em um corpo é calculado pelo produto (multiplicação) entre a intensidade da força (F), o deslocamento (d) e o cosseno do ângulo (θ) formado pela força e pelo deslocamento, se esse deslocamento for zero, o trabalho realizado pela força será zero.

Exemplo 1.3 (FGV 2006). Mantendo uma inclinação de 60° com o plano da lixa, uma pessoa arrasta sobre esta a cabeça de um palito de fósforos, deslocando-o com uma velocidade constante por uma distância de 5 cm e, ao final desse deslocamento, a pólvora se põe em chamas.

Se a intensidade da força, constante, aplicada sobre o palito é 2 N, a energia empregada no acendimento deste, desconsiderando as eventuais perdas, é

Dados: $sen 60° = \dfrac{\sqrt{3}}{2}$; $\cos 60° = \dfrac{1}{2}$

a) $5\sqrt{3} \cdot 10^{-2}$ J
b) $5 \cdot 10^{-2}$ J
c) $2\sqrt{3} \cdot 10^{-2}$ J
d) $2 \cdot 10^{-2}$ J
e) $\sqrt{3} \cdot 10^{-2}$ J

Resolução.

A energia empregada para o acendimento do fósforo é o trabalho W realizado pela força **F** de intensidade constante de 2 N durante o deslocamento da cabeça do palito de fósforo sobre a lixa. Conforme mostrado na Figura 1.3, o ângulo formado entre a força e o deslocamento horizontal, para a esquerda, da cabeça do palito de fósforo é igual a 60°.

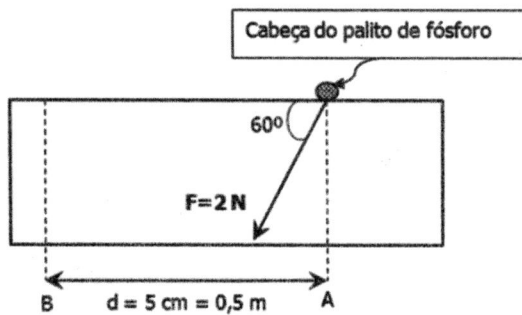

Figura 1.3. *Força F sobre a cabeça do palito de fósforo.*

Podemos utilizar o esquema abaixo para resolver o Exemplo 1.3.

Trabalho realizado pela força constante que atua sobre o palito de fósforo (W)	=	Intensidade da força que atua sobre o palito de fósforo (F = 2 N)	x	Deslocamento sofrido pelo palito de fósforo (d = 3 m)	x	Cosseno do ângulo formado pela força e pelo deslocamento (cosseno de 60° = 0,5)

Ou seja,

$W = F \cdot d \cdot \cos\theta = 2 \cdot 0{,}05 \cdot \cos 60° = 2 \cdot 0{,}05 \cdot 0{,}5 = 0{,}05 \text{ J} = 5.10^{-2} \text{ J}$

Alternativa correta: b.

Exemplo 1.4 (FGV 2010). Contando que ao término da prova os vestibulandos da GV estivessem loucos por um docinho, o vendedor de churros levou seu carrinho até o local de saída dos candidatos. Para chegar lá, percorreu 800 m, metade sobre solo horizontal e a outra metade em uma ladeira de inclinação constante, sempre aplicando sobre o carrinho uma força de intensidade 30 N, paralela ao plano da superfície sobre a qual se deslocava e na direção do movimento. Levando em conta o esforço aplicado pelo vendedor sobre o carrinho, considerando todo o traslado, pode-se dizer que,

a) na primeira metade do trajeto, o trabalho exercido foi de 12 kJ, enquanto que na segunda metade, o trabalho foi maior.

b) na primeira metade do trajeto, o trabalho exercido foi de 52 kJ, enquanto que na segunda metade, o trabalho foi menor.

c) na primeira metade do trajeto, o trabalho exercido foi nulo, assumindo, na segunda metade, o valor de 12 kJ.

d) tanto na primeira metade do trajeto como na segunda metade, o trabalho foi de mesma intensidade, totalizando 24 kJ.

e) o trabalho total foi nulo, porque o carrinho parte de um estado de repouso e termina o movimento na mesma condição.

Resolução.

Na primeira parte AB do trajeto, ou seja, no trecho horizontal de 400 m de extensão, o vendedor aplicou no carrinho uma força constante horizontal **F** de intensidade 30 N, conforme ilustrado na Figura 1.4. Veja que a força **F** tem a mesma direção e o mesmo sentido do deslocamento do carrinho, ou seja, o ângulo formado pela força **F** e pelo deslocamento é zero.

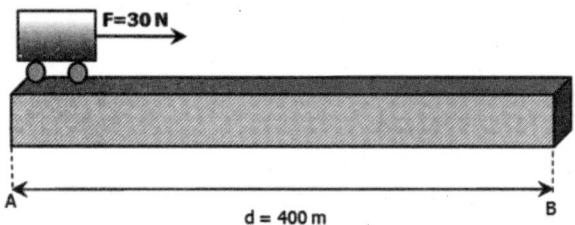

Figura 1.4. *Força F sobre o carrinho no trecho horizontal AB.*

Para calcularmos o trabalho W_1 realizado pela força **F** sobre o carrinho no trecho horizontal, podemos utilizar o esquema abaixo.

Trabalho realizado pela força **F** constante no trecho horizontal (W_1)	=	Intensidade da força que atua sobre o carrinho (F = 30 N)	x	Deslocamento sofrido pelo carrinho (d = 400 m)	x	Cosseno do ângulo formado pela força e pelo deslocamento (cosseno de 0° = 1)

Ou seja,

$$W_1 = F \cdot d \cdot \cos\theta = 30 \cdot 400 \cdot \cos 0° = 30 \cdot 400 \cdot 1 = 12000 \text{ J} = 12 \text{ kJ}$$

Lembre que o cosseno de zero não é zero: o cosseno de zero é 1!

Na segunda parte BC do trajeto, ou seja, no trecho inclinado de 400 m de extensão, o vendedor aplicou no carrinho uma força constante inclinada **F** de intensidade 30 N, conforme ilustrado na Figura 1.5. Veja que a força **F** tem a mesma direção e o mesmo sentido do deslocamento do carrinho, ou seja, o ângulo formado pela força e pelo deslocamento é zero.

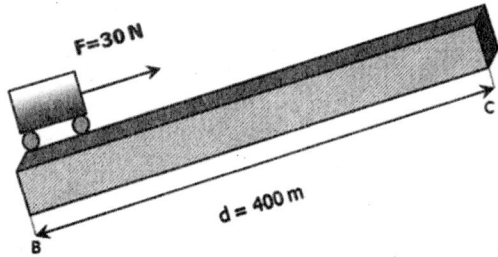

Figura 1.5. *Força F sobre o carrinho no trecho inclinado BC.*

Para calcularmos o trabalho W_2 realizado pela força **F** sobre o carrinho no trecho inclinado, podemos utilizar o esquema abaixo.

Trabalho realizado pela força **F** constante no trecho inclinado (W_2)	=	Intensidade da força que atua sobre o carrinho (F = 30 N)	x	Deslocamento sofrido pelo carrinho (d = 400 m)	x	Cosseno do ângulo formado pela força e pelo deslocamento (cosseno de 0° = 1)

Ou seja,

$$W_2 = F \cdot d \cdot \cos\theta = 30 \cdot 400 \cdot \cos 0° = 30 \cdot 400 \cdot 1 = 12000 \text{ J} = 12 \text{ kJ}$$

Concluímos que tanto na primeira parte do trajeto (trecho horizontal AB) como na segunda parte (trecho inclinado BC), o trabalho foi de mesma intensidade ($W_1 = W_2 = 12$ kJ), totalizando 24 kJ, pois $W_1 + W_2 = 12 + 12 = 24$ kJ.

Alternativa correta: d.

Exemplo 1.5 (FEI 2010). Um guincho puxa um carro durante 5 km em uma estrada retilínea horizontal. A massa do automóvel é de 1.000 kg e a força que o cabo do guincho exerce sobre o carro possui um módulo de 300 kgf, fazendo um ângulo de 53° em relação à horizontal e permanecendo constante durante todo o trajeto. Qual é o trabalho realizado pela força do guincho sobre o carro?

a) 9 MJ
b) 12 MJ
c) 900 kJ
d) 12 kJ
e) 15 MJ

Resolução.

Foi dito que o cabo do guincho exerce sobre o carro uma força de módulo de 300 kgf. Primeiramente, precisamos transformar essa unidade da força, ou seja, transformar kgf (lido como quilograma-força) em N (newton). Como 1 kgf equivale a 9,8 N, podemos usar a regra de três abaixo.

1 kgf	-	9,8 N
300 kgf	-	F

Ou seja,

$$1 \cdot F = 9,8 \cdot 300 \rightarrow F = 2940 \, N$$

Na Figura 1.6, está representada, de modo simplificado, a situação descrita no enunciado: a força constante de 2940 N (ou 300 kgf), que forma um ângulo de 53° com a horizontal, puxando um carro por 5.000 m (ou 5 km) em uma estrada retilínea horizontal.

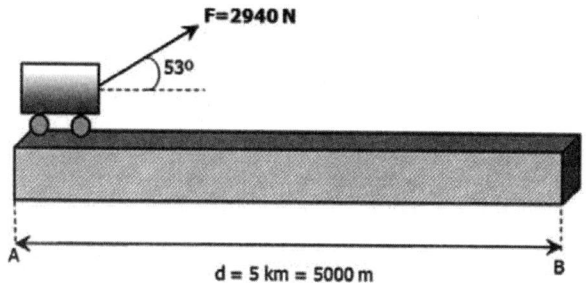

Figura 1.6. *Força F inclinada puxando um carro em uma estrada retilínea horizontal.*

Para calcularmos o trabalho W realizado pela força F sobre o carro no deslocamento horizontal de 5.000 m, podemos utilizar o esquema a seguir.

Trabalho realizado pela força F (W)	=	Intensidade da força F (F = 2940N)	x	Deslocamento do carro (d = 5.000 m)	x	Cosseno do ângulo formado pela força e pelo deslocamento (cosseno de 53° = 0,60)

Ou seja,

$$W = F \cdot d \cdot \cos\theta = 2940 \cdot 5000 \cdot \cos 53° = 2940 \cdot 5000 \cdot 0,6 = 8820000 J = 8,82 \cdot 10^6 J$$

Como 10^6 J (lido como "joule") equivalem a 1 MJ (lido como "mega joule"), podemos escrever o seguinte:

$$W = 8,82 \cdot 10^6 J = 8,82 \, MJ \cong 9 MJ$$

Concluímos que o trabalho realizado pela força do guincho sobre o carro é de aproximadamente 9 MJ.

Alternativa correta: a.

Exemplo 1.6 (FEI 2007). Um bloco de massa 100 kg é arrastado 5 m sobre uma superfície horizontal por uma força horizontal de 1000 N. Determine o trabalho realizado pela força normal para o referido deslocamento.

a) 0 N
b) 50 N
c) 500 N
d) 5000 N
e) 50000 N

Resolução.

Na Figura 1.7, estão representadas as três forças que atuam no bloco:

• a força peso, ou seja, o próprio peso do bloco, que é uma força vertical e para baixo;

• a força normal, ou seja, a força que a superfície horizontal, na qual o bloco encontra-se apoiado, faz no bloco, que é uma força vertical e para cima;

• a força F de 1000 N, ou seja, a força externa que arrasta o bloco, que é uma força horizontal e tem o mesmo sentido do deslocamento do bloco.

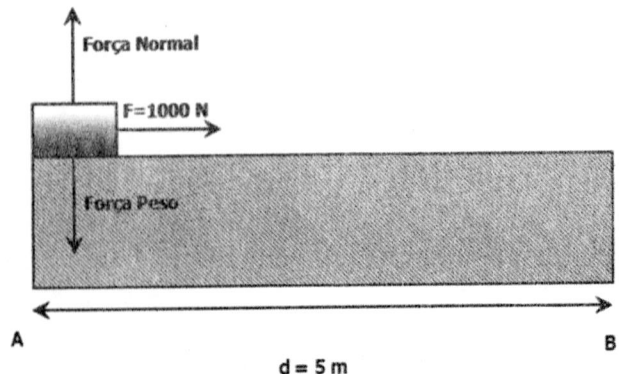

Figura 1.7. *Forças que atuam no bloco.*

O enunciado pede **apenas** o trabalho realizado pela **força normal** no deslocamento horizontal. Para calcularmos esse trabalho W, podemos utilizar o esquema abaixo.

Trabalho realizado pela força normal (W)	=	Intensidade da força normal (N)	x	Deslocamento do carro (d = 5 m)	x	Cosseno do ângulo formado pela força e pelo deslocamento (cosseno de 90° = 0)

Ou seja,

$$W = N \cdot d \cdot \cos\theta = N \cdot 5 \cdot \cos 90° = N \cdot 5 \cdot 0 = 0 J$$

Veja que, independentemente do valor N da força normal, o trabalho que ela realiza no deslocamento do bloco é zero, pois essa força vertical é perpendicular ao deslocamento horizontal do bloco (o ângulo formado pela força normal e pelo deslocamento é de 90° e o cosseno de 90° é zero).

Alternativa correta: a.

1.2. Trabalho realizado pela resultante das forças

O trabalho realizado pela resultante das forças que atuam em um corpo é a soma dos trabalhos realizados por cada uma das forças.

Exemplo 1.7. Na Figura 1.8, temos um bloco sendo solicitado apenas pelas forças horizontais e constantes **F1** e **F2**. Em decorrência dessas forças, o bloco desloca-se 2 m, desde A até B. Nesse deslocamento, determine o trabalho realizado por cada uma das forças, o trabalho resultante das ações das duas forças e o trabalho da força resultante.

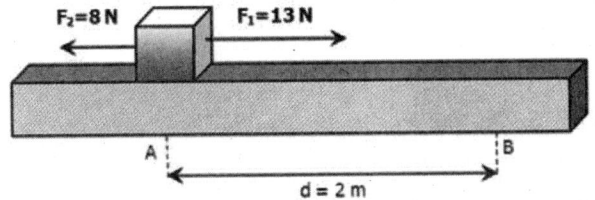

Figura 1.8. *Bloco solicitado por duas forças horizontais constantes.*

Resolução.

O trabalho W_1 realizado pela força F_1 pode ser calculado pelo esquema abaixo.

| Trabalho (W_1) realizado pela força F_1 | = | Intensidade da força F_1 ($F_1 = 13$ N) | x | Deslocamento sofrido pelo corpo (d = 2m) | x | Cosseno do ângulo formado entre força F_1 e pelo deslocamento (cosseno de 0° = 1) |

Ou seja,

$$W_1 = F_1 \cdot d \cdot \cos\theta_1 = 13 \cdot 2 \cdot \cos 0° = 13 \cdot 2 \cdot 1 = 26J$$

Veja que a força F_1 é horizontal e para a direita e que o deslocamento do bloco também é horizontal e para a direita. Logo, o ângulo θ_1 entre a força F_1 e o deslocamento é zero. Lembre que o cosseno de zero é 1.

O trabalho W_2 realizado pela força F_2 pode ser calculado pelo esquema abaixo.

| Trabalho (W_2) realizado pela força F_2 | = | Intensidade da força F_2 ($F_2 = 8$N) | x | Deslocamento sofrido pelo corpo (d = 2m) | x | Cosseno do ângulo formado entre força F_2 e o deslocamento (cosseno de 180° = –1) |

Ou seja,

$$W_2 = F_2 \cdot d \cdot \cos\theta_2 = 8 \cdot 2 \cdot \cos 180° = 8 \cdot 2 \cdot (-1) = -16J$$

Veja que a força F_2 é horizontal e para a esquerda e que o deslocamento do bloco também é horizontal e para a direita. Logo, o ângulo θ_2 entre a força F_1 e o deslocamento é de 180 graus. Lembre que o cosseno de 180 graus é –1.

O trabalho W resultante das ações das forças F_1 e F_2 é calculado pela soma dos trabalhos realizados por cada uma das forças, ou seja, W = 10 J, pois W = W_1 + W_2 = 26 + (–16).

A força resultante R que atua sobre o bloco é horizontal, para a direita, e tem intensidade igual a 5 N, pois $R = F_1 - F_2 = 13 - 8 = 5$ N, conforme mostrado na Figura 1.9.

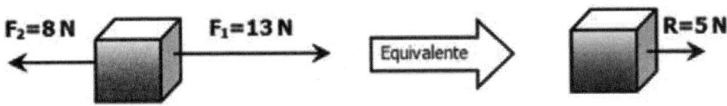

Figura 1.9. *Força resultante sobre o bloco.*

O trabalho W realizado pela força resultante R = 5 N pode ser calculado pelo esquema abaixo.

Trabalho W realizado pela força resultante R	=	Intensidade da força resultante (R = 5 N)	x	Deslocamento sofrido pelo corpo (d = 2m)	x	Cosseno do ângulo formado entre força R e pelo deslocamento (cosseno de 0° = 1)

Ou seja,

$$W = R \cdot d \cdot \cos\theta = 5 \,.\, 2 \,.\, \cos 0° = 5 \,.\, 2 \,.\, 1 = 10 J$$

Veja que a força resultante **R** é horizontal e para a direita, e que o deslocamento do bloco também é horizontal e para a direita. Logo, o ângulo θ entre a força resultante **R** e o deslocamento é zero. Lembre que o cosseno de zero é 1.

Verificamos que o trabalho realizado pela resultante R = 5 N das forças F1 e F2 que atuam no bloco é igual à soma dos trabalhos realizados por F1 e por F2.

1.3. Trabalho calculado pelo gráfico da força pelo deslocamento

Suponha que um corpo esteja sujeito apenas à força **F**, de mesma direção e mesmo sentido do seu deslocamento d. Neste caso, se tivermos um gráfico no qual no eixo vertical esteja o módulo da força **F** e no eixo horizontal esteja o deslocamento d do corpo, a área que fica abaixo do gráfico e acima do eixo horizontal, desde a reta vertical correspondente à posição inicial A do corpo até a reta vertical correspondente à posição final B, é igual ao trabalho W que a força **F** realiza sobre o corpo desde A até B. Isso está mostrado na Figura 1.10.

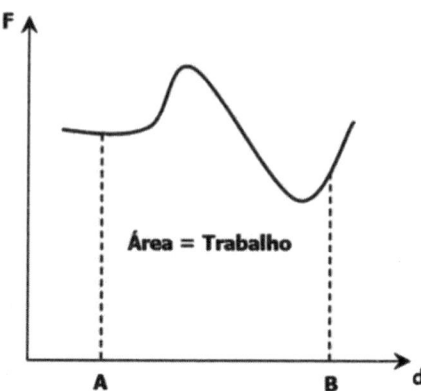

Figura 1.10. *Trabalho obtido graficamente.*

Veja que, no caso da Figura 1.10, não há uma "fórmula pronta" para calcular a área formada pelo gráfico, pelo eixo horizontal e pelas retas verticais correspondentes aos pontos A e B.

Exemplo 1.8 (Unifesp 2006). A figura representa o gráfico do módulo F de uma força que atua sobre um corpo em função do seu deslocamento x. Sabe-se que a força atua sempre na mesma direção e sentido do deslocamento.

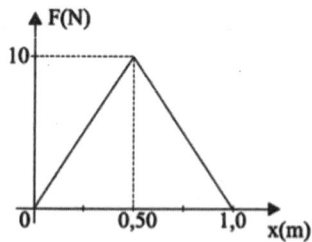

Pode-se afirmar que o trabalho dessa força no trecho representado pelo gráfico é, em joules,

a) 0.
b) 2,5.
c) 5,0.
d) 7,5.
e) 10.

Resolução.

A figura do enunciado fornece o módulo F de uma força que atua sobre um corpo em função do seu deslocamento x, sendo que essa força age sempre na mesma direção e no mesmo sentido do deslocamento do corpo.

Nessas condições, o trabalho realizado pela força no trecho mostrado no gráfico é a área indicada em cinza na Figura 1.11, ou seja, é a área formada pelo gráfico e pelo eixo horizontal, desde A até B.

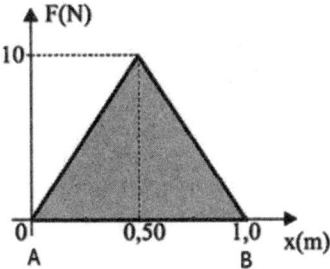

Figura 1.11. *Trabalho obtido graficamente – Exemplo 1.6.*

Essa área corresponde à área de um triângulo de base igual a 1 e altura igual a 10. Como a área de um triângulo é o valor da sua base multiplicado pelo valor da sua altura, sendo esse resultado dividido por 2, temos:

$$\text{Trabalho} = \text{Área (triângulo)} = \frac{\text{base} \cdot \text{altura}}{2} = \frac{1 \cdot 10}{2} = 5$$

Alternativa correta: b.

Exemplo 1.9. No gráfico a seguir, temos o módulo F da única força que atua sobre um corpo em função do seu deslocamento d. Essa força age sempre na mesma direção e no mesmo sentido do deslocamento.

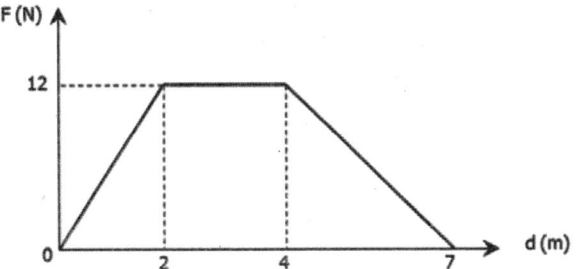

Calcule o trabalho realizado pela força sobre o corpo no seu deslocamento desde d = 1 m até d = 7 m.

Resolução.

Como é pedido o trabalho realizado pela força sobre o corpo desde d = 1 m até d = 7 m, precisamos calcular a área colorida na cor cinza na Figura 1.12.

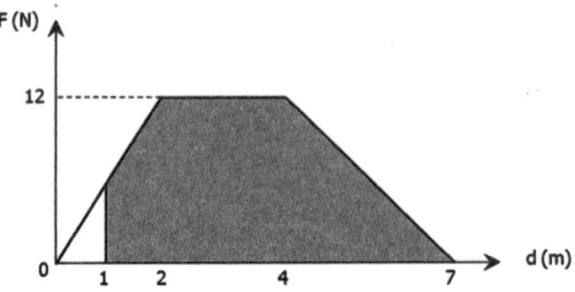

Figura 1.12. *Trabalho obtido graficamente – Exemplo 1.7.*

Para facilitar nossos cálculos, podemos dividir a região indicada na Figura 1.12 em três partes: um trapézio (de área A1), um retângulo (de área A2) e um triângulo (de área A3). Isso está indicado na Figura 1.13.

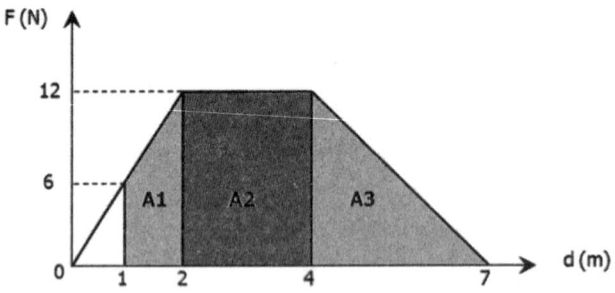

Figura 1.13. *Trapézio (área A1), retângulo (área A2) e triângulo (área A3).*

Observe que, no trecho que vai desde d = 0 até d = 2 m, o módulo da força F cresce segundo uma reta que passa pela origem. Logo, se para d = 2 m, temos F = 12 N, então, para d = 1 m (que é a metade de 2 m), temos F = 6 N (que é a metade de 12 N).

Vamos calcular as áreas A1, A2 e A3 e, depois, somá-las para obtermos o trabalho desde d = 1 m até d = 7 m.

A área A1 corresponde a um trapézio de base menor igual a 6, base maior igual a 12 e altura igual a 1, conforme mostrado na Figura 1.14.

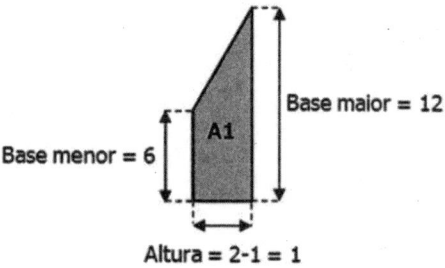

Figura 1.14. *Trapézio (área A1).*

Como a área de um trapézio é o valor da sua base menor somado ao valor da sua base maior, sendo esse resultado multiplicado pelo valor da altura e dividido por 2, temos:

$$A1 = \text{Área (trapézio)} = \frac{\text{base menor} + \text{base maior} \cdot \text{altura}}{2} = \frac{6 + 12}{2} \cdot 1 = 9$$

A área A2 corresponde a um retângulo de base igual a 2 e altura igual a 12, conforme mostrado na Figura 1.15.

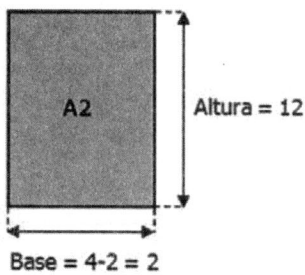

Figura 1.15. *Retângulo (área A2).*

Como a área de um retângulo é o valor da sua base multiplicado pelo valor da sua altura, temos:

$$A2 = \text{Área (retângulo)} = \text{base} \cdot \text{altura} = 2 \cdot 12 = 24$$

A área A3 corresponde a um triângulo de base igual a 3 e altura igual a 12, conforme mostrado na Figura 1.16.

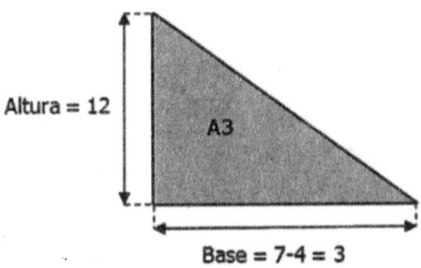

Figura 1.16. *Triângulo (área A3).*

Como a área de um triângulo é o valor da sua base multiplicado pelo valor da sua altura, sendo esse resultado dividido por 2, temos:

$$A3 = \text{Área (triângulo)} = \frac{base \cdot altura}{2} = \frac{3 \cdot 12}{2} = 18$$

Para obtermos o trabalho W realizado pela força sobre o corpo no seu deslocamento desde d = 1 m até d = 7 m, devemos somar as áreas A1, A2 e A3. Ou seja,

$$W = A1 + A2 + A3 = 9 + 24 + 18 = 51 J$$

Exemplo 1.10 (CESCEM-SP). O fato do trabalho de uma força ser nulo sugere necessariamente que

a) a força é nula.
b) o trabalho é um vetor; logo, a força deve ser paralela ao deslocamento.
c) o deslocamento é nulo.
d) a força é nula ou o deslocamento é nulo.
e) o produto do deslocamento pela componente da força na direção do deslocamento é nulo.

Resolução.

Vamos analisar cada uma das alternativas.

Alternativa a: incorreta.
Justificativa.

Há forças que, mesmo não sendo nulas, não realizam trabalho.

Se um corpo permanece em repouso ("parado") sob a ação de uma força, essa força não está realizando trabalho sobre o corpo. Por exemplo, uma mãe que segura um bebê nos braços exerce força sobre a criança, mas essa força não realiza trabalho.

Se dada força não nula que atua em um corpo for perpendicular ao seu deslocamento, essa força não realiza trabalho. Neste caso, o ângulo formado pela força e pelo deslocamento é de 90°, cujo cosseno é zero. Como o trabalho realizado por uma força constante aplicada em um corpo é calculado pelo produto (multiplicação) entre a intensidade da força, o deslocamento sofrido pelo corpo e o cosseno do ângulo formado pela força e pelo deslocamento, se esse cosseno for zero, o trabalho será zero.

Alternativa b: incorreta.
Justificativa.

O trabalho não é um vetor e as forças não paralelas ao deslocamento podem ocasionar um trabalho não nulo.

Alternativa c: incorreta.
Justificativa.

Conforme já dito na justificativa da alternativa a, se dada força não nula que atua em um corpo for perpendicular ao deslocamento do corpo, essa força não realiza trabalho. Ou seja, neste caso há deslocamento do corpo, mas não há realização de trabalho por parte da força que forma um ângulo de 90° com o deslocamento.

Alternativa d: incorreta.
Justificativa.

Conforme já dito nas justificativas das alternativas a e c, podemos ter uma força não nula e trabalho nulo e, também, podemos ter um deslocamento não nulo e trabalho nulo.

Alternativa e: correta.
Justificativa.

O componente da força que atua em um corpo na direção do seu deslocamento é a multiplicação do módulo da força pelo cosseno do ângulo que a força forma com o deslocamento. Como o trabalho realizado por uma força constante aplicada em um corpo é calculado pelo produto (multiplicação) entre a intensidade da força, o deslocamento sofrido pelo corpo e o cosseno do ângulo formado pela força e pelo deslocamento, também podemos dizer que o trabalho é o produto (multiplicação) do deslocamento pelo componente da força na direção do deslocamento. Se esse produto for zero (nulo), o trabalho será zero (nulo).

Alternativa correta: e.

Exemplo 1.11. Considere as afirmativas a seguir.

I) Sempre que houver força atuando em um corpo, haverá trabalho.
II) Somente haverá trabalho se houver força.
III) Existem forças não nulas que não realizam trabalho.

Está(ão) correta(s) apenas a(s) afirmativa(s):

a) II e III.   b) I e II.   c) I.   d) II.   e) III.

Resolução.

Vamos analisar cada uma das afirmativas.

Afirmativa I: incorreta.
Justificativa.

Se houver força não nula atuando em um corpo com direção perpendicular ao deslocamento do corpo, essa força não realiza trabalho.

Afirmativa II: correta.
Justificativa.

O conceito de trabalho envolve a atuação de força. Falamos no trabalho realizado por uma ou mais forças que agem em um corpo.

Afirmativa III: incorreta.
Justificativa.

Existem forças não nulas que não realizam trabalho. Um exemplo já analisado anteriormente é o caso da mãe que segura um bebê nos braços: ela exerce força não nula sobre a criança, mas essa força não realiza trabalho.

Alternativa correta: a.

Exemplo 1.12 (Cesgranrio – com adaptações). Uma força constante de atrito que atua sobre um bloco em movimento realiza trabalho

a) sempre positivo.
b) sempre negativo.
c) que pode ser positivo ou negativo.
d) positivo ou nulo.
e) negativo ou nulo.

Resolução.

A força de atrito tem sentido contrário ao deslocamento. Logo, o trabalho realizado pela força de atrito durante o deslocamento de um corpo é negativo.

Exemplo 1.13 (FM Sorocaba – com adaptações). Com relação ao trabalho, pode-se dizer que

a) sempre que age uma força, há trabalho.
b) há trabalho quando há deslocamento.
c) sendo F a força e W o trabalho, tem-se F = W.d, onde d é o deslocamento do móvel.
d) trabalho é o produto de uma força por um deslocamento grande.
e) nenhuma das anteriores.

Resolução.

Vamos analisar cada uma das alternativas.

Alternativa a: incorreta.
Justificativa.

Há forças que não realizam trabalho.

Se um corpo permanece em repouso ("parado") sob a ação de uma força, essa força não está realizando trabalho sobre o corpo.

Se dada força não nula que atua em um corpo for perpendicular ao deslocamento do corpo, essa força não realizará trabalho.

Alternativa b: incorreta.
Justificativa.

Se dada força atuar na direção perpendicular ao deslocamento de um corpo, essa força não realizará trabalho.

Alternativa c: incorreta.
Justificativa.

Sendo F o módulo de uma força constante que atua sobre um corpo, d o deslocamento sofrido pelo corpo como decorrência da ação da força de módulo F e θ o ângulo formado pela força e pelo deslocamento, o trabalho W realizado pela força é W = F . d . cosθ.

Alternativa d: incorreta.
Justificativa.

Veja o conceito de trabalho dado na justificativa da alternativa d: o trabalho não é definido como o produto de uma força por um deslocamento grande.

Alternativa e: correta.
Justificativa.

Nenhuma das alternativas anteriores está correta.

Alternativa correta: e.

Capítulo 2
Energia Potencial Gravitacional e Trabalho do Peso

2.1. Energia potencial gravitacional – conceitos e fórmulas

A energia potencial está associada à posição de um corpo. Para o cálculo da energia potencial gravitacional, indicada por Ep, a posição é a altura na qual o objeto encontra-se em relação a um nível horizontal, chamado nível de referência (Figura 2.1).

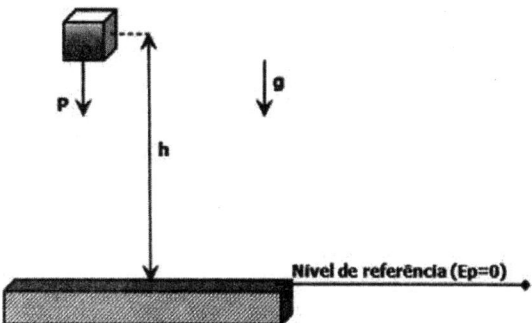

Figura 2.1. *Nível de referência (Ep = 0).*

A energia potencial gravitacional Ep de um corpo de peso P localizado a uma altura h do nível de referência é calculada pela multiplicação do peso P pela altura h, conforme mostrado no Esquema 2.1.

Esquema 2.1. *Cálculo da energia potencial gravitacional (primeiro esquema).*

Energia Potencial Gravitacional	=	Peso do corpo	x	Altura do corpo em relação ao nível de referência

Como o peso P do corpo é igual à sua massa m multiplicada pela aceleração da gravidade g (P = m.g), podemos escrever o Esquema 2.2.

Esquema 2.2. *Cálculo da energia potencial gravitacional (segundo esquema).*

| Energia Potencial Gravitacional | = | Massa do Corpo | x | Aceleração da gravidade | x | Altura do corpo em relação ao nível de referência |

A Tabela 2.1 mostra como podemos representar o Esquema 2.2 por símbolos e fórmula.

Tabela 2.1. *Símbolos e fórmula – energia potencial gravitacional.*

	Símbolo	Unidade	Como lemos a unidade
Energia Potencial Gravitacional	Ep	J	Joule
Massa do corpo	m	kg	Quilograma
Aceleração da gravidade local	g	m/s^2	Metros por segundo ao quadrado
Altura do corpo em relação ao nível de referência	h	m	Metro
Fórmula para o cálculo da energia potencial gravitacional	$Ep = m \cdot g \cdot h$		

Podemos pensar que a energia potencial gravitacional de um corpo é uma espécie de "crédito" de energia que o campo gravitacional pode transferir a esse corpo, caso ele fosse abandonado ("largado") da posição que ele ocupa.

Capítulo 2 - Energia Potencial Gravitacional e Trabalho do Peso | 25

É comum adotarmos o solo como o nível de referência para o cálculo da energia potencial gravitacional, ou seja, o solo como a posição na qual a energia potencial gravitacional é zero. Mas, isso não é obrigatório: podemos adotar um nível de referência fora do solo.

Exemplo 2.1. Um corpo de massa 3 kg está à altura de 12 m do solo. Considerando que o nível de referência seja o solo e que a aceleração da gravidade (g) seja igual a 10 m/s², calcule sua energia potencial gravitacional do corpo.

Resolução.

Na Figura 2.2, está representada a situação descrita no enunciado.

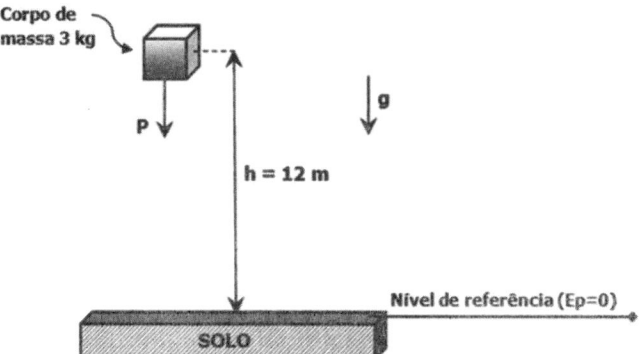

Figura 2.2. *Situação do exemplo 2.1.*

Para calcularmos a energia potencial gravitacional do corpo em relação ao solo, podemos adaptar o Esquema 2.2, conforme mostrado a seguir.

Energia Potencial Gravitacional do corpo em relação ao solo	=	Massa do Corpo (3 kg)	x	Aceleração da gravidade (10 m/s²)	x	Altura do corpo em relação ao solo (12 m)

Ou seja, a energia potencial gravitacional do corpo em relação ao solo é igual a 360 J, pois 3 . 10 . 12 = 360 J.

Exemplo 2.2. Um corpo com massa de 12 kg tem energia potencial gravitacional de 480 J em relação ao solo. Admitindo que a aceleração da gravidade (g) é igual a 10 m/s², determine a altura, em relação ao solo, na qual o corpo está localizado.

Resolução.

Na Figura 2.3, está representada a situação descrita no enunciado.

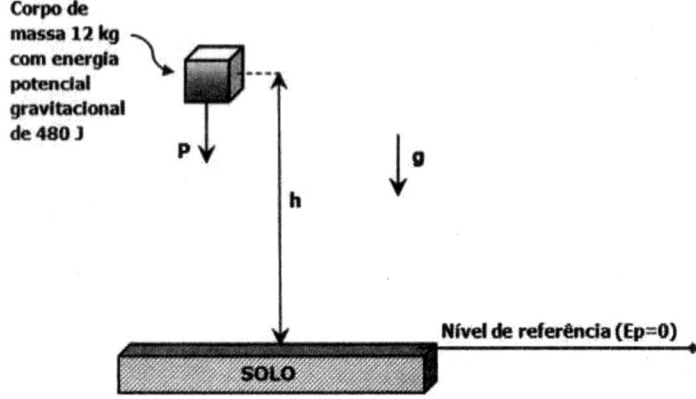

Figura 2.3. *Situação do exemplo 2.2.*

Para calcularmos a altura h, podemos adaptar o Esquema 2.2, conforme mostrado a seguir.

Energia Potencial Gravitacional do corpo em relação ao solo (Ep = 480 J)	=	Massa do Corpo (12 kg)	x	Aceleração da gravidade (10 m/s²)	x	Altura do corpo em relação ao solo (h)

Ou seja,

$$Ep = m \cdot g \cdot h \Rightarrow 480 = 12 \cdot 10 \cdot h \Rightarrow 480 = 120\,h \Rightarrow \frac{480}{120} = h \Rightarrow h = 4\,m$$

Exemplo 2.3. O lustre indicado por L na Figura 2.4 tem massa igual a 3 kg. A distância entre o lustre e o tampo da mesa é de 172 cm e a distância entre a mesa e o piso é de 75 cm. Calcule a energia potencial gravitacional do lustre em relação ao tampo da mesa e em relação ao piso. Considere que a aceleração da gravidade local seja g=10 m/s².

Figura 2.4. *Lustre L em uma sala de jantar.*
Disponível em <http://www.flipkey.com/palm-springs-vacation-rentals/p164474/.
Acesso em 30 out. 2011.

Resolução.

A distância entre o lustre L e o tampo da mesa foi dada no enunciado: 172 cm, ou seja, 1,72 m, pois 1 m equivale a 100 cm.

Para calcularmos a energia potencial gravitacional do lustre em relação ao tampo da mesa, podemos adaptar o Esquema 2.2, conforme mostrado a seguir.

Energia Potencial Gravitacional do lustre em relação ao tampo da mesa	=	Massa do lustre (3 kg)	x	Aceleração da gravidade (10 m/s²)	x	Altura do lustre em relação ao tampo da mesa (1,72 m)

Ou seja, a energia potencial gravitacional do lustre em relação ao tampo da mesa é igual a 51,6 J, pois 3 . 10 . 1,72 = 51,6 J.

A distância entre o lustre L e o piso é a soma da distância entre o lustre e o tampo da mesa (172 cm) com a distância entre o tampo da mesa e o piso (75 cm). Essa distância é igual a 247 cm, ou seja, 2,47 m, pois 172 + 75 = 247 cm.

Para calcularmos a energia potencial gravitacional do lustre em relação ao piso, podemos adaptar o Esquema 2.2, conforme mostrado a seguir.

Energia Potencial Gravitacional do lustre em relação ao piso	=	Massa do lustre (3 kg)	x	Aceleração da gravidade (10 m/s²)	x	Altura do lustre em relação ao piso (2,47 m)

Ou seja, a energia potencial gravitacional do lustre em relação ao piso é igual a 74,1 J, pois 3 . 10 . 2,47 = 74,1 J.

Exemplo 2.4 (Unicamp 2012). As eclusas permitem que as embarcações façam a transposição dos desníveis causados pelas barragens. Além de ser uma monumental obra de engenharia hidráulica, a eclusa tem um funcionamento simples e econômico. Ela nada mais é do que um elevador de águas que serve para subir e descer as embarcações. A eclusa de Barra Bonita, no rio Tietê, tem um desnível de aproximadamente 25 m. Qual é o aumento da energia potencial gravitacional quando uma embarcação de massa m = 1,2.10⁴ kg é elevada na eclusa?

a) $4,8.10^2$ J
b) $1,2.10^5$ J
c) $3,0.10^5$ J
d) $3,0.10^6$ J

Resolução.

A Figura 2.5 ilustra, esquematicamente, a situação proposta no enunciado. Para o nível de referência considerado, a altura h_A do ponto A é zero e a altura h_B do ponto B é de 25 m.

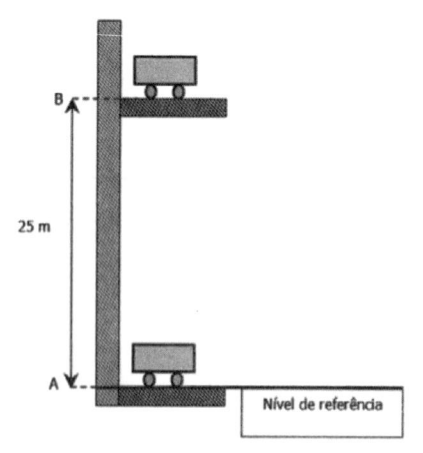

Figura 2.5. *Móvel nos pontos A e B.*

Para calcularmos a energia potencial gravitacional do móvel de massa $1{,}2.10^4$ kg no ponto A, considerando a aceleração da gravidade local igual a 10 m/s², podemos adaptar o Esquema 2.2, conforme mostrado a seguir.

Energia Potencial Gravitacional no ponto A (Ep_A)	=	Massa do móvel ($1{,}2.10^4$ kg)	x	Aceleração da gravidade (10 m/s²)	x	Altura do ponto A em relação ao nível de referência (0 m)

Ou seja, a energia potencial gravitacional do móvel em A é igual a 0 J, pois $Ep_A = 1{,}2 \cdot 10^4 \cdot 10 \cdot 0 = 0$.

Para calcularmos a energia potencial gravitacional do móvel de massa $1{,}2.10^4$ kg no ponto B, considerando a aceleração da gravidade local igual a 10 m/s², podemos adaptar o Esquema 2.2, conforme mostrado a seguir.

Energia Potencial Gravitacional no ponto A (Ep_B)	=	Massa do móvel ($1{,}2.10^4$ kg)	x	Aceleração da gravidade (10 m/s²)	x	Altura do ponto B em relação ao nível de referência (25 m)

Ou seja, a energia potencial gravitacional do móvel em B é igual a 3.10^6 J, pois $Ep_B = 1{,}2 \cdot 10^4 \cdot 10 \cdot 25 = 300 \cdot 10^4 = 3 \cdot 10^6$ J.

O aumento da energia potencial gravitacional quando um móvel de massa $1{,}2.10^4$ kg é elevado na eclusa é igual a 3.10^6 J, pois esse aumento é a diferença (subtração) entre as energias potenciais do móvel em B e A, ou seja, $Ep_B - Ep_A = 3 \cdot 10^6 - 0 = 3 \cdot 10^6$ J.

Alternativa correta: d.

Observação: preferimos substituir o termo embarcação por móvel.

2.2. Trabalho do peso (trabalho da força peso)

Imagine que um bloco caia livremente de certa altura até o chão, ocorrendo deslocamento vertical d. Durante esse deslocamento para baixo, a força que atua sobre o bloco é a força peso, indicada por P, também direcionada para baixo (Figura 2.6).

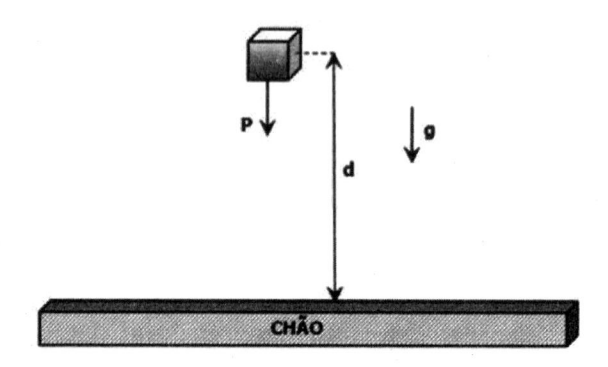

Figura 2.6. *Um bloco cai pela ação da força peso.*

O trabalho W realizado pela força peso durante o deslocamento vertical do bloco para baixo, desde A até B, é calculado pelo produto (multiplicação) entre o peso (P), o deslocamento vertical (d) e o cosseno do ângulo (θ) formado pelo peso e o deslocamento. Como esse ângulo vale zero, seu cosseno vale 1 (cos0 = 1). Assim, neste caso, o trabalho pode ser escrito apenas como a multiplicação do peso (P) pelo deslocamento vertical (d), conforme mostrado no Esquema 2.3.

Esquema 2.3. *Cálculo do trabalho realizado pela força peso no deslocamento vertical para baixo.*

Trabalho realizado pela força peso no deslocamento vertical para baixo	=	Valor da força peso	x	Deslocamento vertical

A Tabela 2.2 mostra como podemos representar o Esquema 2.3 por símbolos e fórmula.

Tabela 2.2. *Símbolos e fórmula – trabalho da força peso (deslocamento para baixo).*

	Símbolo	Unidade	Como lemos a unidade
Trabalho realizado pela força peso no deslocamento vertical para baixo	W	J	Joule
Valor da força peso	P	N	Newton
Deslocamento vertical sofrido pelo corpo	d	m	Metro
Fórmula para o cálculo do trabalho realizado pela força peso no deslocamento vertical para baixo	$W = P \cdot d$		

O trabalho W realizado pela força peso durante o deslocamento vertical do bloco para cima é a multiplicação do peso (P) pelo deslocamento vertical (d), sendo esse resultado multiplicado por menos 1, conforme mostrado no Esquema 2.4. Multiplicamos esse resultado por menos 1 porque, neste caso, o peso e o deslocamento têm sentidos opostos: "o peso é para baixo e o deslocamento é para cima". Logo, o ângulo formado pelo peso e o deslocamento é de 180°, cujo cosseno é -1 ($\cos 180° = -1$).

Esquema 2.4. *Cálculo do trabalho realizado pela força peso no deslocamento vertical para cima.*

Trabalho realizado pela força peso no deslocamento vertical para cima	=	Valor da força peso	x	Deslocamento vertical	x	-1

A Tabela 2.3 mostra como podemos representar o Esquema 2.4 por símbolos e fórmula.

Tabela 2.3. *Símbolos e fórmula – trabalho da força peso (deslocamento para cima).*

	Símbolo	Unidade	Como lemos a unidade
Trabalho realizado pela força peso no deslocamento vertical para cima	W	J	Joule
Valor da força peso	P	N	Newton
Deslocamento vertical sofrido pelo corpo	d	m	Metro
Fórmula para o cálculo do trabalho realizado pela força peso no deslocamento vertical para cima	\multicolumn{3}{c}{$W = -P \cdot d$}		

O trabalho realizado pela força peso não depende do caminho (trajetória) feito pelo corpo durante o deslocamento vertical. Por essa razão, o peso é classificado como uma força conservativa.

> **FIQUE DE OLHO!** O peso P de um corpo é a força com a qual ele é "puxado" pela Terra. Ele é calculado pela multiplicação entre a massa m do corpo e a aceleração da gravidade g. Ou seja, $P = m \cdot g$.

Outra maneira de calcularmos o trabalho W realizado pelo peso de um corpo durante o seu deslocamento vertical, desde A até B, é pela diferença (subtração) entre as energias potenciais gravitacionais desse corpo nas posições A e B, conforme mostrado no Esquema 2.5.

Esquema 2.5. *Cálculo do trabalho realizado pela força peso (segundo esquema).*

Trabalho realizado pela força peso no descolamento vertical de um corpo desde A até B	=	Energia potencial gravitacional do corpo em A	−	Energia potencial gravitacional do corpo em B

Capítulo 2 - Energia Potencial Gravitacional e Trabalho do Peso | 33

A Tabela 2.4 mostra como podemos representar o Esquema 2.5 por símbolos e fórmula.

Tabela 2.4. *Símbolos e fórmula – trabalho da força peso (alternativa).*

	Símbolo	Unidade	Como lemos a unidade
Trabalho realizado pelo peso no descolamento vertical de um corpo desde A até B	W	J	Joule
Energia potencial gravitacional do corpo em A	Ep_A	J	Joule
Energia potencial gravitacional do corpo em B	Ep_B	J	Joule
Fórmula para o cálculo do trabalho realizado pela força peso	$W = Ep_A - Ep_B$		

> Um corpo localizado a determinada altura de um nível de referência tem energia potencial gravitacional, pois, ao cair, seu peso realiza trabalho.

Exemplo 2.5. Considere novamente o lustre indicado por L na figura 2.2. Imagine que o cabo que sustenta o lustre esteja desgastado, rompendo-se e fazendo com que o lustre caia no tampo da mesa. Calcule o trabalho realizado pelo peso do lustre na sua queda desde o teto até atingir o tampo da mesa.

Resolução.

Vamos considerar o tampo da mesa como o nível de referência, ou seja, a energia potencial gravitacional do lustre "no tampo da mesa" é zero.

A energia potencial gravitacional do lustre no teto, considerando o tampo da mesa como o nível de referência, foi calculada no Exemplo 2.3 e vale 51,6 J.

Para calcularmos o trabalho realizado pelo peso do lustre na sua queda do teto até o tampo da mesa, podemos adaptar o Esquema 2.5, conforme mostrado a seguir.

Trabalho realizado pelo peso do lustre na sua queda desde o teto até o tampo da mesa	=	Energia potencial gravitacional do lustre "no teto" em relação ao tampo da mesa (51,6 J)	−	Energia potencial gravitacional do lustre "no tampo da mesa" em relação ao tampo da mesa (0 J)

Ou seja, o trabalho realizado pelo peso do lustre na sua queda desde o teto até o tampo da mesa é igual a 51,6 J, pois 51,6 − 0 = 51,6 J.

Exemplo 2.6 (FEI S/D – com adaptações). Um corpo com massa de 5 kg é retirado de um ponto A e levado para um ponto B, distante 40 m na horizontal e 30 m na vertical, traçadas a partir do ponto A. Qual é o trabalho realizado pela força peso?

a) − 2500 J
b) − 2000 J
c) − 900 J
d) − 500 J
e) − 1500 J

Resolução.

Na Figura 2.7, estão representados os pontos A e B e o nível de referência adotado.

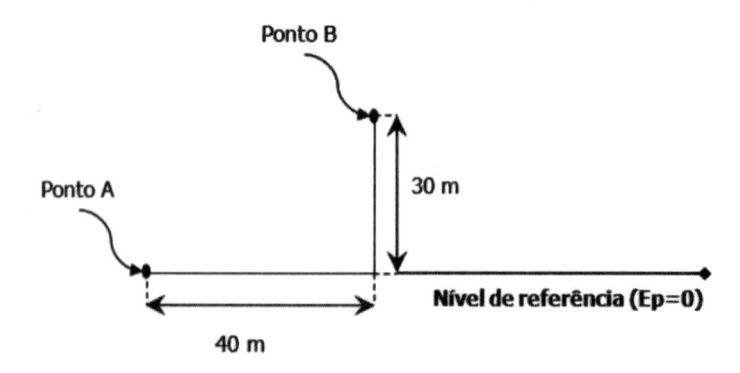

Figura 2.7. *Pontos A e B e o nível de referência adotado.*

Capítulo 2 - Energia Potencial Gravitacional e Trabalho do Peso

Com o nível de referência adotado, a energia potencial gravitacional do corpo no ponto A é zero.

Considerando a aceleração da gravidade local g igual a 10 m/s², a energia potencial do corpo com massa de 5 kg em B, cuja altura em relação ao nível de referência é de 30 m, é calculada pelo esquema abaixo.

Energia Potencial gravitacional do corpo em B	=	Massa do corpo (5 kg)	x	Aceleração da gravidade (10 m/s²)	x	Altura do corpo em B (30 m)

Ou seja, a energia potencial gravitacional do corpo em B, considerando o nível de referência mostrado na Figura 2.7, é de 1500 J, pois 5 . 10 . 30 = 1500.

O trabalho W realizado pelo peso do corpo durante o seu deslocamento desde A até B é dado pela diferença (subtração) entre as energias potenciais gravitacionais desse corpo nas posições A e B, conforme mostrado no esquema abaixo.

Trabalho realizado pela força peso no descolamento vertical do corpo desde A até B	=	Energia potencial gravitacional do corpo em A (0 J)	−	Energia potencial gravitacional do corpo em B (1500 J)

Ou seja, o trabalho realizado pelo peso é de − 1500 J, pois 0 − 1500 = − 1500 J.

Alternativa correta: e.

Capítulo 3
Energia Cinética

3.1. Energia cinética – conceitos e fórmulas

A energia cinética está associada ao movimento de um corpo. A energia cinética Ec de um corpo de massa m, que se movimenta com velocidade v, é calculada da seguinte maneira: multiplica-se a massa do corpo pela sua velocidade elevada ao quadrado e divide-se o resultado obtido por 2, conforme mostrado no Esquema 3.1.

Esquema 3.1. *Cálculo da energia cinética.*

| Energia Cinética | = | Massa do corpo | x | Velocidade do corpo ao quadrado | ÷ | 2 |

A Tabela 3.1 mostra como podemos representar o Esquema 3.1 por símbolos e fórmula.

Tabela 3.1. *Símbolos e fórmula – energia cinética.*

	Símbolo	Unidade	Como lemos a unidade
Energia Cinética	Ec	J	Joule
Massa do corpo	m	kg	Quilograma
Velocidade do corpo	v	m/s	Metros por segundo
Fórmula para o cálculo da energia cinética	$Ec = \dfrac{m \cdot v^2}{2}$		

> Se um corpo está "parado", ou seja, com velocidade zero, ele não tem energia cinética.

Se dois corpos movem-se com a mesma velocidade, o corpo de maior massa terá maior energia cinética. Se dois corpos de mesma massa movem-se com velocidades diferentes, o corpo com maior velocidade terá maior energia cinética.

Exemplo 3.1. Imagine que, durante alguns segundos, uma bola de bilhar de 150 g mova-se com uma velocidade constante de 8 cm/s. Calcule a energia cinética da bola durante os segundos em que sua velocidade é constante.

Resolução.

A massa da bola é de 150 g, ou seja, 0,15 kg, pois 1 kg equivale a 1.000 g. Sua velocidade é de 8 cm/s, ou seja, 0,08 m/s, pois 1 m equivale a 100 cm.

Para calcularmos a energia cinética da bola, podemos adaptar o Esquema 3.1, conforme mostrado a seguir.

Energia Cinética (Ec)	=	Massa do corpo (0,15 kg)	x	Velocidade do corpo ao quadrado (0,08^2)	÷	2

Ou seja,

$$Ec = \frac{m \cdot v^2}{2} = \frac{0,15 \cdot 0,08^2}{2} = 0,00048 \text{ J}$$

Exemplo 3.2 (Fatec 2009). Os modelos disponíveis da linha de motocicletas de 125 cilindradas de determinado fabricante apresentam uma das menores massas da categoria, 83 kg, e um melhor posicionamento do centro de gravidade. Resumindo, diversão garantida para pilotos de qualquer peso ou estatura.

O gráfico mostra a variação da energia cinética do conjunto motociclista e uma dessas motocicletas em função do quadrado de sua velocidade sobre uma superfície plana e horizontal.

Capítulo 3 - Energia Cinética | 39

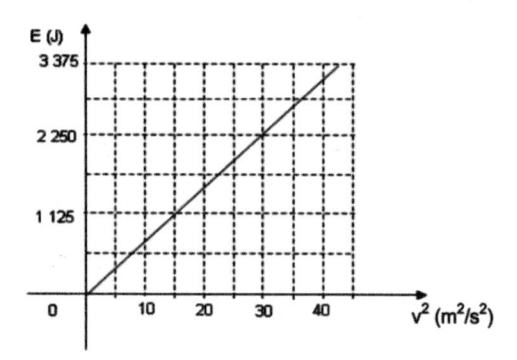

Analisando os dados do gráfico, pode-se determinar a massa do motociclista que, em kg, vale

a) 45
b) 52
c) 67
d) 78
e) 90

Resolução.

O gráfico do enunciado fornece a energia cinética do conjunto formado pelo motociclista e pela motocicleta. Vamos chamar de m a massa desse conjunto, ou seja, m é a soma da massa do motociclista com a massa da motocicleta.

O ponto de mais fácil leitura do gráfico dado é o destacado na Figura 3.1, para o qual lemos que se v^2 for 30 m^2/s^2, a energia cinética Ec é 2250 J.

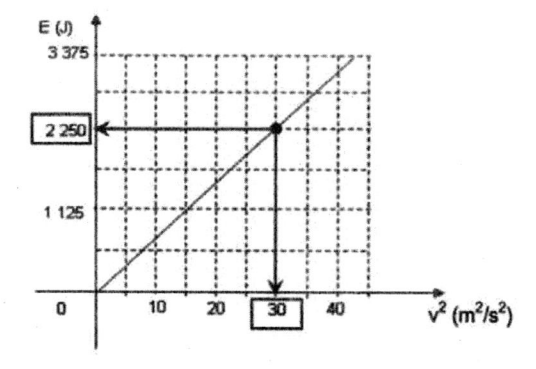

Figura 3.1. *Indicação do ponto no gráfico.*

A energia cinética Ec do conjunto de massa m é a multiplicação da massa m pela velocidade elevada ao quadrado, dividindo o resultado obtido por 2. Ou seja,

$$Ec = \frac{m \cdot v^2}{2}$$

Se, na equação acima, substituirmos Ec por 2250 e v^2 for 30, obteremos a massa m do conjunto, conforme segue.

$$Ec = \frac{m \cdot v^2}{2} \Rightarrow 2250 = \frac{m \cdot 30}{2} \Rightarrow 2250 \cdot 2 = m \cdot 30 \Rightarrow 4500 = m \cdot 30$$

$$4500 = m \cdot 30 \Rightarrow \frac{4500}{30} = m \Rightarrow m = 150 \, kg$$

A massa de 150 kg é a soma da massa do motociclista (que desejamos calcular) e a massa da motocicleta (igual a 83 kg, informada no enunciado). Para calcularmos a massa M do motociclista, podemos utilizar o esquema abaixo.

Massa do conjunto (150 kg)	=	Massa do motociclista (M)	+	Massa da moto (83 kg)

Ou seja, $150 = M + 83 \Rightarrow 150 - 83 = M \Rightarrow M = 67 \, kg$

Alternativa correta: c.

Exemplo 3.3 (Unifesp 2005). Uma criança com massa de 40 kg viaja no carro dos pais, sentada no banco de trás, presa pelo cinto de segurança. Em determinado momento, o carro atinge a velocidade de 72 km/h.

Nesse instante, a energia cinética dessa criança é

a) igual à energia do conjunto carro mais passageiros.
b) zero, pois fisicamente a criança não tem velocidade, logo, não tem energia cinética.
c) 8000 J em relação ao carro e zero em relação à estrada.
d) 8000 J em relação à estrada e zero em relação ao carro.
e) 8000 J, independentemente do referencial considerado, pois a energia é um conceito absoluto.

Resolução.

O enunciado informa que a velocidade do carro é de 72 km/h. Primeiramente, devemos fazer a transformação de unidade da velocidade do carro, de quilômetros por hora (km/h) para metros por segundo (m/s). Como 1 km equivale a 1.000 metros e 1 hora equivale a 3.600 segundos, temos o seguinte:

$$72\,\frac{km}{h} = \frac{72\,km}{1\,h} = \frac{72000\,m}{3600\,s} = \frac{72000}{3600}\,\frac{m}{s} = 20\,\frac{m}{s}$$

Ou seja, a velocidade do carro, em relação à estrada, é de 20 m/s. Como a criança está sentada no banco do carro, a sua velocidade, em relação à estrada, também é de 20 m/s.

Para calcularmos a energia cinética Ec_e da criança de 40 kg em relação à estrada, podemos adaptar o Esquema 3.1, conforme mostrado a seguir.

Energia Cinética da criança em relação à estrada (Ec_e)	=	Massa da criança (40 kg)	x	Velocidade da criança em relação à estrada elevada ao quadrado (20^2)	÷	2

Ou seja, a energia cinética da criança em relação à estrada é de 8000 J, pois

$$Ec_e = \frac{m \cdot v^2}{2} = \frac{40 \cdot 20^2}{2} = 8000\,J$$

Como a criança está parada em relação ao carro, sua velocidade, em relação ao carro, é zero.

Para calcularmos a energia cinética Ec_c da criança de 40 kg em relação ao carro, podemos adaptar o Esquema 3.1, conforme mostrado a seguir.

Energia Cinética da criança em relação ao carro (Ec_c)	=	Massa da criança (40 kg)	x	Velocidade da criança em relação ao carro elevada ao quadrado (0^2)	÷	2

Ou seja, a energia cinética da criança em relação ao carro é zero, pois

$$Ec_c = \frac{m \cdot v^2}{2} = \frac{40 \cdot 0^2}{2} = 0 \text{ J}$$

Alternativa correta: d.

Exemplo 3.4 (UCSA). Uma partícula de massa constante tem o módulo de sua velocidade aumentado em 20%. O respectivo aumento de sua energia cinética será de

a) 10%
b) 20%
c) 40%
d) 44%
e) 56%

Resolução.

Apenas como uma base de cálculo, vamos considerar que a partícula tenha massa de 1 kg e velocidade inicial de 1 m/s. Você pode tomar quaisquer outros valores possíveis de massa e velocidade para resolver este exemplo, não necessariamente 1 kg e 1 m/s. Mas, para facilitarmos as contas, ficaremos com essa base de cálculo.

Para calcularmos a energia cinética inicial Ec_i da partícula, podemos adaptar o Esquema 3.1, conforme mostrado a seguir.

Energia Cinética inicial da partícula (Ec_i)	=	Massa da partícula (1 kg)	x	Velocidade inicial da partícula elevada ao quadrado (1^2)	÷	2

Ou seja, a energia cinética inicial da partícula é de 0,5 J, pois

$$Ec_i = \frac{m \cdot v^2}{2} = \frac{1 \cdot 1^2}{2} = 0,5 \text{ J}$$

O enunciado informa que a velocidade inicial da partícula sofre aumento de 20% em seu valor. Logo, a velocidade final da partícula é a sua velocidade inicial (1 m/s) acrescida de 20% desse valor (20% de 1 m/s, ou seja, 0,20 . 1 = 0,2). Concluímos que a velocidade final da partícula é de 1,2 m/s, pois 1 + 0,2 = 1,2 m/s.

Para calcularmos a energia cinética final Ec_f da partícula, podemos adaptar o Esquema 3.1, conforme mostrado a seguir.

| Energia Cinética final da partícula (Ec_f) | = | Massa da partícula (1 kg) | x | Velocidade final da partícula elevada ao quadrado ($1,2^2$) | ÷ | 2 |

Ou seja, a energia cinética inicial da partícula é de 0,72 J, pois

$$Ec_i = \frac{m \cdot v^2}{2} = \frac{1 \cdot 1,2^2}{2} = 0,72 \text{ J}$$

Verificamos que a energia cinética da partícula passou de 0,5 J para 0,72 J. Ou seja, a energia cinética da partícula teve um aumento absoluto de 0,22 J, pois 0,72 – 0,5 = 0,22 J.

Para calcularmos o aumento percentual da energia cinética da partícula, precisamos fazer a divisão do seu aumento absoluto (0,22 J) pelo seu valor inicial (0,5 J) e, ainda, multiplicar o resultado dessa divisão por 100 (para termos a resposta em "percentual"). Isso está mostrado no cálculo abaixo:

$$\text{Aumento \%} = \frac{0,22}{0,5} \cdot 100\% = 0,44 \cdot 100\% = 44\%$$

Alternativa correta: d.

Exemplo 3.5 (UNIRIO). Quando a velocidade de um corpo duplica a sua energia cinética

a) reduz-se a um quarto do valor inicial.
b) reduz-se à metade.
c) fica multiplicada por 2,5.
d) duplica.
e) quadruplica.

Resolução.

Vamos adotar como base de cálculo, ou seja, como exemplo numérico, um corpo de massa m igual a 1 kg e velocidade v_1 de 1 m/s.

Nessas condições, a energia cinética Ec_1 do corpo é calculada a partir do Esquema 3.1, conforme mostrado a seguir.

| Energia Cinética (Ec_1) | = | Massa do corpo (1 kg) | x | Velocidade do corpo elevada ao quadrado (1^2) | ÷ | 2 |

Ou seja,

$$Ec_1 = \frac{m \cdot v^2}{2} = \frac{1 \cdot 1^2}{2} = \frac{1}{2} = 0,5 \text{ J}$$

Se a velocidade do corpo de massa m igual a 1 kg for duplicada, ela passará a ser o dobro de 1 m/s, ou seja, passará a ser v_2 igual a 2 m/s.

Nessas condições, a energia cinética Ec_2 do corpo é calculada a partir do Esquema 3.1, conforme mostrado a seguir.

| Energia Cinética (Ec_2) | = | Massa do corpo (1 kg) | x | Velocidade do corpo elevada ao quadrado (2^2) | ÷ | 2 |

Ou seja,

$$Ec_2 = \frac{m \cdot v^2}{2} = \frac{1 \cdot 2^2}{2} = \frac{4}{2} = 2 \text{ J}$$

Vemos que com a duplicação da velocidade do corpo, sua energia cinética é quadruplicada. No caso da base de cálculo utilizada, a energia cinética passa de Ec_1 igual a 0,5 J para Ec_2 igual a 2 J (2 J = 4 . 0,5 J).

Chegaríamos a essa conclusão para quaisquer valores de massa e velocidade do corpo, pois a energia cinética de um corpo de massa m varia com o quadrado da sua velocidade. Se a velocidade é multiplicada por 2, a energia cinética fica multiplicada por 4, pois $2^2 = 4$.

Alternativa correta: e.

Capítulo 4
Energia Potencial Elástica

4.1. Energia potencial elástica – conceitos e fórmulas

A energia potencial elástica está, geralmente, associada a uma mola. A Figura 4.1 mostra um bloco de massa m preso a uma mola de constante elástica K.

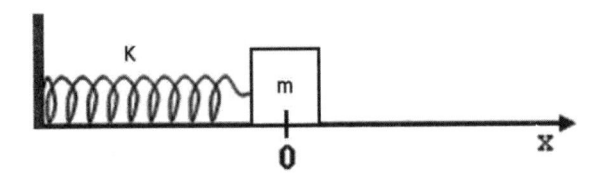

Figura 4.1. *Bloco preso a uma mola não distendida.*

Se a mola da Figura 4.1 for "empurrada" para a esquerda e o bloco for abandonado, ele irá adquirir energia cinética, pois sai do repouso e passa a ter velocidade. Enquanto estava em repouso empurrando a mola, o bloco tinha energia armazenada que ainda não havia se transformado em energia cinética. Essa energia armazenada é a energia potencial elástica, indicada por Ee. Ela é calculada da seguinte maneira: multiplica-se a constante elástica K da mola pela sua deformação x elevada ao quadrado e divide-se o resultado obtido por 2, conforme mostrado no Esquema 4.1.

Observe que a deformação x da mola é o quanto ela está "empurrada" ou "puxada" em relação ao seu comprimento natural, ou seja, é a "variação no comprimento da mola".

Esquema 4.1. *Cálculo da energia potencial elástica.*

| Energia potencial elástica | = | Constante elástica da mola | x | Deformação da mola elevada ao quadrado (1^2) | ÷ | 2 |

A Tabela 4.1 mostra como podemos representar o Esquema 4.1 por símbolos e fórmula.

Tabela 4.1. *Símbolos e fórmula – energia potencial elástica.*

	Símbolo	Unidade	Como lemos a unidade
Energia potencial elástica	Ee	J	Joule
Constante elástica da mola	K	N/m	Newton por metro
Deformação da mola	x	m	Metro
Fórmula para o cálculo da energia potencial elástica	$Ee = \dfrac{K \cdot x^2}{2}$		

Um corpo preso a uma mola comprimida (ou esticada) tem energia potencial elástica, pois, ao ser abandonado, será empurrado (ou puxado) pela mola, ou seja, a força elástica exercida pela mola realiza trabalho sobre o corpo.

Exemplo 4.1. Uma mola de constante elástica K igual a 150 N/m é comprimida em 5 cm. Para essa configuração, calcule a energia potencial elástica da mola.

Resolução.

Foi dito que a mola de constante elástica K igual a 150 N/m está comprimida (deformada) em 5 cm, ou seja, 0,05 m, pois 1 m equivale a 100 cm.

A energia potencial elástica Ee da mola pode ser calculada a partir do Esquema 4.1, conforme segue abaixo.

Energia potencial elástica (Ee)	=	Constante elástica da mola (K = 150N/m)	x	Elongação da mola elevada ao quadrado ($x^2 = 0,05^2$)	÷	2

Ou seja,

$$Ee = \frac{K \cdot x^2}{2} = \frac{150 \cdot 0,05^2}{2} = \frac{150 \cdot 0,0025}{2} = 0,1875 \text{ J}$$

Capítulo 4 - Energia Potencial Elástica | 47

Exemplo 4.2. Calcule a elongação de uma mola de constante elástica K igual 75 N/m que está armazenando energia potencial elástica de 4J.

Resolução.

Foi dito que a mola de constante elástica K igual a 75 N/m está armazenando energia potencial elástica Ee de 4 J.

A elongação x da mola pode ser calculada a partir do Esquema 4.1, conforme segue abaixo.

| Energia potencial elástica (Ee = 4J) | = | Constante elástica da mola (K = 75N/m) | x | Elongação da mola elevada ao quadrado (x^2) | ÷ | 2 |

Ou seja,

$$Ee = \frac{K \cdot x^2}{2} \Rightarrow 4 = \frac{75 \cdot x^2}{2} \Rightarrow 4 \cdot 2 = 75 \cdot x^2 \Rightarrow 8 = 75 \cdot x^2 \Rightarrow \frac{8}{75} = x^2$$

Logo,

$$\frac{8}{75} = 0,1067 = x^2 \Rightarrow x = \sqrt{0,1067} \Rightarrow x = 0,3266 m \text{ ou } x = 32,66 cm$$

Exemplo 4.3. Calcule a constante elástica K de uma mola que, sendo comprimida em 18 cm, armazena energia potencial elástica de 5 J.

Resolução.

Foi dito que uma mola comprimida de 0,18 m (18 cm) armazena energia potencial elástica Ee igual a 5 J.

A constante elástica K da mola pode ser calculada a partir do Esquema 4.1, conforme segue abaixo.

| Energia potencial elástica (Ee = 5J) | = | Constante elástica da mola (K) | x | Elongação da mola elevada ao quadrado ($x^2 = 0,18^2$) | ÷ | 2 |

Ou seja,

$$Ee = \frac{K \cdot x^2}{2} \Rightarrow 5 = \frac{K \cdot 0{,}18^2}{2} \Rightarrow 5 \cdot 2 = K \cdot 0{,}18^2 \Rightarrow 10 = K \cdot 0{,}0324$$

$$10 = K \cdot 0{,}0324 \Rightarrow \frac{10}{0{,}0324} = K \Rightarrow K = 308{,}6 \; N/m$$

Capítulo 5
Energia Mecânica e Sistemas Conservativos e Não Conservativos

5.1. Energia mecânica e sistemas conservativos e não conservativos – conceitos e fórmulas

A energia mecânica de um corpo, indicada por EM, é a soma da energia cinética, da energia potencial gravitacional e da energia potencial elástica (se for o caso), conforme mostrado no Esquema 5.1.

Esquema 5.1. *Cálculo da energia mecânica.*

Energia Mecânica	=	Energia cinética	+	Energia Potencial gravitacional	+	Energia Potencial elástica

Se houver apenas forças conservativas atuando em um sistema (sistema conservativo), como, por exemplo, a força peso e a força elástica, ocorrerá conservação da energia mecânica, ou seja, a energia mecânica no "início" é igual à energia mecânica no "final". Isso está mostrado no Esquema 5.2.

Esquema 5.2. *Sistema conservativo (conservação da energia mecânica).*

Energia mecânica inicial	=	Energia mecânica final

Os sistemas, em geral, não são conservativos. Por exemplo, quando empurramos um livro sobre uma bancada, temos perda ou dissipação de energia por causa do atrito existente entre o livro e a bancada. Devido à energia mecânica dissipada, indicada por Ed, a energia mecânica final é menor do que a energia mecânica inicial, ou seja, a energia dissipada é a energia mecânica inicial subtraída da energia mecânica final (Esquema 5.3).

Esquema 5.3. *Sistema não conservativo.*

Energia Dissipada	=	Energia mecânica inicial	−	Energia mecânica final

5.2. Princípio geral da conservação de energia

Em uma usina hidrelétrica, temos a transformação da energia potencial gravitacional da água, que cai de grande altura, em energia elétrica. Em um aquecedor elétrico, temos a transformação da energia elétrica em calor (energia térmica).

Essas duas situações são apenas exemplos da aplicação do princípio da conservação de energia, descrito no quadro abaixo.

> Em qualquer fenômeno da natureza, a energia não pode ser criada nem destruída: o que temos é a transformação de uma forma de energia em outra forma de energia.

Exemplo 5.1. Uma bola de massa igual a 3 kg é abandonada de um local que fica 20 m acima do solo. Calcule a velocidade da bola ao atingir o solo. Considere que a aceleração da gravidade g seja de 10 m/s² e despreze a resistência do ar e qualquer efeito dissipativo.

Resolução.

Na Figura 5.1, está representada a situação descrita no enunciado.

Capítulo 5 - Energia Mecânica e Elementos Conservativos e Não Conservativos | 51

Bola de massa 3 kg abandonada do ponto A

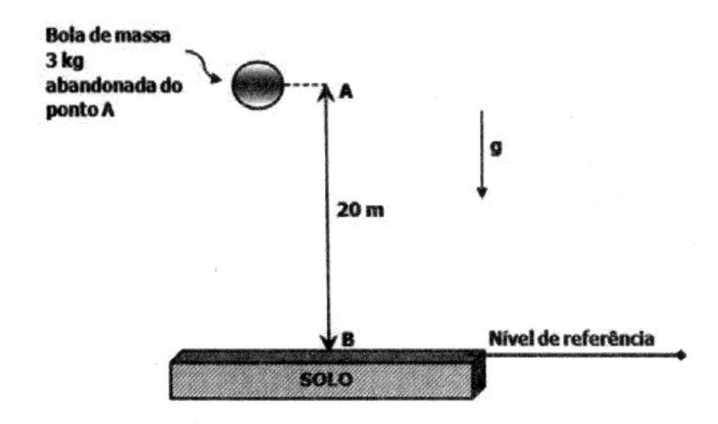

A

g

20 m

B — Nível de referência

SOLO

Figura 5.1. Situação descrita no Exemplo 5.1.

Na Tabela 5.1, estão resumidas as informações do enunciado do Exemplo 5.1. Observe que, como a bola é abandonada do ponto A, sua velocidade em A vale zero.

Tabela 5.1. *Resumo das informações do enunciado – Exemplo 5.1.*

	Símbolo	Valor
Velocidade da bola em A	v_A	0
Velocidade da bola em B	v_B	Vamos calcular
Altura do ponto A	h_A	20 m
Altura do ponto B	h_B	0

Vamos "comparar" as energias da bola nos pontos A e B. Para isso, calculamos essas energias na Tabela 5.2, usando os dados fornecidos pelo exemplo, ou seja, a massa m da bola é 3 kg e a aceleração da gravidade g é 10 m/s².

Tabela 5.2. *Energia cinética e energia potencial da bola nos pontos A e B.*

	Símbolo	Fórmula e cálculo
Energia cinética da bola em A	Ec_A	$Ec_A = \dfrac{m \cdot v_A^2}{2} = \dfrac{3 \cdot 0^2}{2} = 0$
Energia cinética da bola em B	Ec_B	$Ec_B = \dfrac{m \cdot v_B^2}{2} = \dfrac{3 \cdot v_B^2}{2} = 1{,}5\, v_B^2$
Energia potencial da bola em A	Ep_A	$Ep_A = m \cdot g \cdot h_A = 3 \cdot 10 \cdot 20 = 600\text{J}$
Energia potencial da bola em B	Ep_B	$Ep_b = m \cdot g \cdot h_b = 3 \cdot 10 \cdot 0 = 0\text{J}$

A energia mecânica da bola em cada ponto da pista é a soma da energia cinética e da energia potencial, conforme mostrado na Tabela 5.3.

Tabela 5.3. *Energia mecânica da bola nos pontos A e B.*

	Símbolo	Fórmula e cálculo
Energia mecânica da bola em A	EM_A	$EM_A = Ec_A + Ep_A = 0 + 600 = 600\text{ J}$
Energia mecânica da bola em B	EM_B	$EM_B = Ec_B + Ep_B = 1{,}5 \cdot v_B^2 + 0 = 1{,}5 \cdot v_B^2$

Foi dito para que os efeitos dissipativos fossem desconsiderados. Logo, temos um sistema conservativo, ou seja, há conservação de energia mecânica. Isso quer dizer que as energias mecânicas da bola nos pontos A e B são iguais. Ou seja,

$$EM_A = EM_B \Rightarrow 600 = 1{,}5 v_B^2 \Rightarrow \frac{600}{1{,}5} = v_B^2 \Rightarrow 400 = v_B^2 \Rightarrow \sqrt{400} = v_B \Rightarrow v_B = 20 m/s$$

Concluímos que a velocidade da bola ao atingir o solo é de 20 m/s.

O que aconteceu com a bola durante sua queda de uma altura de 20 m?

Em A, a bola tinha sua máxima energia potencial (600 J) e sua mínima energia cinética (0 J). À medida que a bola vai descendo, ocorre a transformação da energia potencial em energia cinética, ou seja, sua energia potencial vai diminuindo (até ser zero em B) e sua energia cinética vai aumentando (até ser máxima em B).

Exemplo 5.2 (Fuvest 2011). Um esqueitista treina em uma pista cujo perfil está representado na figura abaixo. O trecho horizontal AB está a uma altura $h = 2,4$ m em relação ao trecho, também horizontal, CD. O esqueitista percorre a pista no sentido de A para D. No trecho AB, ele está com velocidade constante, de módulo $v = 4$ m/s; em seguida, desce a rampa BC, percorre o trecho CD, o mais baixo da pista, e sobe a outra rampa até atingir uma altura máxima H, em relação a CD. A velocidade do esqueitista no trecho CD e a altura máxima H são, respectivamente, iguais a

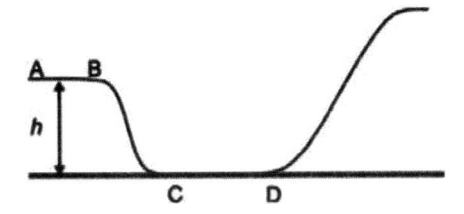

a) 5 m/s e 2,4 m.
b) 7 m/s e 2,4 m.
c) 7 m/s e 3,2 m.
d) 8 m/s e 2,4 m.
e) 8 m/s e 3,2 m.

NOTE E ADOTE
$g = 10$ m/s²
Desconsiderar: - Efeitos dissipativos.
- Movimentos do esqueitista em relação ao esqueite.

Resolução.

Na Figura 5.2, estão indicadas as informações dadas no enunciado da questão.

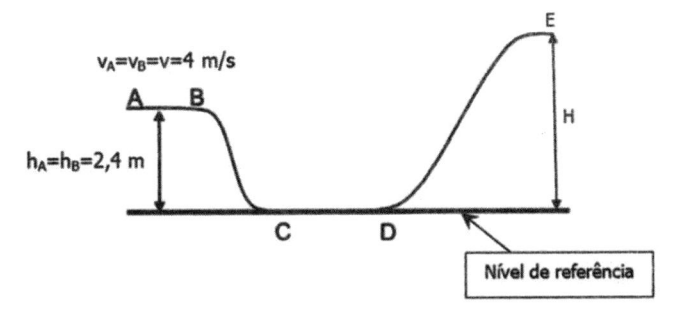

Figura 5.2. *Indicações de informações do enunciado – Exemplo 5.2.*

Essas informações estão resumidas na Tabela 5.4. Verifique que, como no ponto E temos a altura máxima atingida pelo esquitista, a sua velocidade em E vale zero.

Tabela 5.4. *Resumo das informações do enunciado – Exemplo 5.2.*

	Símbolo	Valor
Velocidade do esqueitista em A	v_A	4 m/s
Velocidade do esqueitista em B	v_B	4 m/s
Velocidade do esqueitista em C	v_C	Vamos calcular
Velocidade do esqueitista em D	$v_D = v_C$	Vamos calcular
Velocidade do esqueitista em E	v_E	0
Altura do ponto A	h_A	2,4 m
Altura do ponto B	h_B	2,4 m
Altura do ponto C	h_C	0
Altura do ponto D	h_D	0
Altura do ponto E	h_E	H

Como não foi dada a massa do esqueitista, vamos chamá-la de m. Visto que não há mola na figura do enunciado, somente temos a energia cinética Ec e a energia potencial gravitacional Ep. Vamos "comparar" as energias do esqueitista nos pontos A, C e E. Para isso, calculamos essas energias na Tabela 5.5.

Tabela 5.5. *Energia cinética e energia potencial do esquiitista.*

	Símbolo	Fórmula e cálculo
Energia cinética do esquiitista em A	Ec_A	$Ec_A = \dfrac{m \cdot v_A^2}{2} = \dfrac{m \cdot 4^2}{2} = \dfrac{m \cdot 16}{2} = m \cdot 8 = 8m$
Energia cinética do esquiitista em C	Ec_C	$Ec_B = \dfrac{m \cdot v_C^2}{2}$ (ainda não conhecemos v_C^2)
Energia cinética do esquiitista em E	Ec_E	$Ec_E = \dfrac{m \cdot v_E^2}{2} = \dfrac{m \cdot 0^2}{2} = \dfrac{m \cdot 0}{2} = 0$
Energia potencial do esquiitista em A	Ep_A	$Ep_A = m \cdot g \cdot h_A = m \cdot 10 \cdot 2{,}4 = m \cdot 24 = 24m$
Energia potencial do esquiitista em C	Ep_C	$Ep_C = m \cdot g \cdot h_C = m \cdot 10 \cdot 0 = 0$
Energia potencial do esquiitista em E	Ep_E	$Ep_E = m \cdot g \cdot h_E = m \cdot 10 \cdot h = 10m \cdot h$

A energia mecânica do esquiitista em cada ponto da pista é a soma da energia cinética e da energia potencial, conforme mostrado na Tabela 5.6.

Tabela 5.6. *Energia mecânica do esquiitista.*

	Símbolo	Fórmula e cálculo
Energia mecânica do esquiitista em A	EM_A	$EM_A = Ec_A + Ep_A = 8m + 24m = 32m$
Energia mecânica do esquiitista em C	EM_C	$EM_C = Ec_C + Ep_C = \dfrac{m \cdot v_C^2}{2} + 0 = \dfrac{m \cdot v_C^2}{2}$
Energia mecânica do esquiitista em E	EM_E	$EM_E = Ec_E + Ep_E = 0 + 10\,m \cdot h = 10m \cdot h$

Foi dito para que os efeitos dissipativos fossem desconsiderados. Logo, temos um sistema conservativo, ou seja, há conservação de energia mecânica. Isso quer dizer que as energias mecânicas do esqueitista em A, C e E são iguais.

Escrevendo que a energia mecânica do esqueitista em A é igual à energia mecânica do esqueitista em C, temos:

$$EM_A = EM_C \Rightarrow 32m = \frac{m \cdot v_C^2}{2}$$

Como nos dois lados da equação acima temos a massa m como fator de multiplicação, podemos "cancelar m". Assim, ficamos com:

$$32m = \frac{m \cdot v_C^2}{2} \Rightarrow 32 = \frac{v_C^2}{2} \Rightarrow 32 \cdot 2 = v_C^2 \Rightarrow 64 = v_C^2 \Rightarrow \sqrt{64} = v_C \Rightarrow 8 = v_C \Rightarrow v_C = 8 \, m/s$$

Como as velocidades do esqueitista em C e D são iguais, temos que v_D = 8 m/s.
Escrevendo que a energia mecânica do esqueitista em A é igual à energia mecânica do esqueitista em E, pois não há dissipação de energia, temos:

$$EM_A = EM_E \Rightarrow 32\,m = 10\,m \cdot h$$

Como nos dois lados da equação acima temos a massa m como fator de multiplicação, podemos "cancelar m". Assim, ficamos com:

$$32\,m = 10\,m \cdot h \Rightarrow 32 = 10\,h \Rightarrow \frac{32}{10} = h \Rightarrow 3{,}2 = h \Rightarrow h = 3{,}2m$$

A velocidade do esqueitista no trecho CD é de 8 m/s e a altura máxima H é de 3,2 m.

Alternativa correta: e.

Exemplo 5.3. Um esqueitista com massa de 65 kg desliza na pista mostrada na figura abaixo, partindo do repouso, de uma altura de 8 m. Sabendo que sua velocidade ao atingir o final da pista é de 12 m/s, calcule a perda de energia mecânica devido ao atrito. Adote que a aceleração da gravidade local g seja 10 m/s².

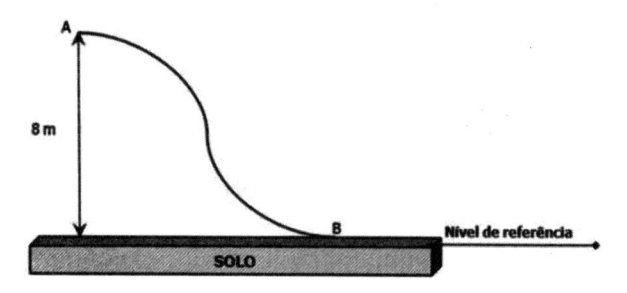

Resolução.

Na Tabela 5.7, estão resumidas as informações do enunciado do Exemplo 5.3.

Tabela 5.7. *Resumo das informações do enunciado – Exemplo 5.3.*

	Símbolo	Valor
Velocidade do esqueitista em A	v_A	0
Velocidade do esqueitista em B	v_B	12 m/s
Altura do ponto A	h_A	8 m
Altura do ponto B	h_B	0

Vamos "comparar" as energias do esqueitista nos pontos A e B. Para isso, calculamos essas energias na Tabela 5.8, usando os dados fornecidos pelo exemplo, ou seja, a massa m do esqueitista é de 65 kg e a aceleração da gravidade g é de 10 m/s².

Tabela 5.8. *Energia cinética e energia potencial da bola nos pontos A e B.*

	Símbolo	Fórmula e cálculo
Energia cinética do esqueitista em A	Ec_A	$Ec_A = \dfrac{m \cdot v_A^2}{2} = \dfrac{65 \cdot 0^2}{2} = 0$
Energia cinética do esqueitista em B	Ec_B	$Ec_B = \dfrac{m \cdot v_B^2}{2} = \dfrac{65 \cdot 12^2}{2} = 4680 J$
Energia potencial do esqueitista em A	Ep_A	$Ep_A = m \cdot g \cdot h_A = 65 \cdot 10 \cdot 8 = 5200 J$
Energia potencial do esqueitista em B	Ep_B	$Ep_B = m \cdot g \cdot h_B = 65 \cdot 10 \cdot 0 = 0$

A energia mecânica do esquiitista em cada ponto da pista é a soma da energia cinética e da energia potencial, conforme mostrado na Tabela 5.9.

Tabela 5.9. *Energia mecânica do esquiitista nos pontos A e B.*

	Símbolo	Fórmula e cálculo
Energia mecânica do esquiitista em A	EM_A	$EM_A = Ec_A + Ep_A = 0 + 5200 = 5200 J$
Energia mecânica do esquiitista em B	EM_B	$EM_B = Ec_B + Ep_B = 4680 + 0 = 4680 J$

O que aconteceu durante o trajeto do esquiitista?

Em A, a energia mecânica do esquiitista era igual a 5200 J. À medida que ele vai percorrendo a pista, perde parte da sua energia mecânica inicial devido ao atrito. No ponto B, a sua energia mecânica é de apenas 4680 J. Ou seja, a energia mecânica do esquiitista em B é menor do que em A ($EM_B < EM_A$). A perda de energia mecânica foi de 520 J, pois é dada pela diferença $EM_A - EM_B = 5200 - 4680 = 520$ J.

O que foi explicado no parágrafo anterior também pode ser escrito da seguinte maneira:

$$EM_A = EM_B + Energia\ perdida$$

Ou seja,

$$5200 = 4680 + Energia\ perdida \Rightarrow 5200 - 4680 = Energia\ perdida$$
$$Energia\ perdida = 520 J$$

Exemplo 5.4 (Enem 1999). A tabela a seguir apresenta alguns exemplos de processos, fenômenos ou objetos nos quais ocorrem transformações de energia. Nessa tabela, aparecem as direções de transformação da energia. Por exemplo, o termopar é um dispositivo onde a energia térmica se transforma em energia elétrica.

Em/De	Elétrica	Química	Mecânica	Térmica
Elétrica	Transformador			Termopar
Química				Reações endotérmicas
Mecânica		Dinamite	Pêndulo	
Térmica				Fusão

Entre os processos indicados na tabela, ocorre conservação de energia

a) em todos os processos.
b) somente nos processos que envolvem transformações de energia sem dissipação de calor.
c) somente nos processos que envolvem transformações de energia mecânica.
d) somente nos processos que não envolvem energia química.
e) somente nos processos que não envolvem nem energia química nem energia térmica.

Resolução.

Pelo princípio geral da conservação de energia, em qualquer fenômeno da natureza, a energia não pode ser criada nem destruída: o que temos é a transformação de uma forma de energia em outra forma de energia.

Vejamos os exemplos dados na tabela:

• O transformador transforma energia elétrica em energia elétrica.
• O termopar transforma energia térmica em energia elétrica.
• Nas reações endotérmicas, há transformação de energia térmica em energia química.
• Na dinamite, há transformação de energia química em energia mecânica.
• No pêndulo, há transformação de energia mecânica em energia mecânica.
• Na fusão, há transformação de energia térmica em energia térmica.

Alternativa correta: a.

Exemplo 5.5 (UFSCAR 2009). Uma ideia para a campanha de redução de acidentes: enquanto um narrador exporia fatores de risco nas estradas, uma câmera mostraria o trajeto de um sabonete que, a partir do repouso em um ponto sobre a borda de uma banheira, escorregaria para o interior da mesma, sofrendo um forte impacto contra a parede vertical oposta.

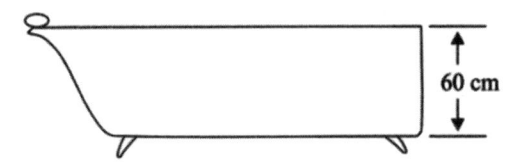

Para a realização da filmagem, a equipe técnica, conhecendo a aceleração da gravidade (10 m/s^2) e desconsiderando qualquer atuação de forças contrárias ao movimento, estimou que a velocidade do sabonete, momentos antes de seu impacto contra a parede da banheira, deveria ser um valor, em m/s, mais próximo de

a) 1,5
b) 2,0
c) 2,5
d) 3,0
e) 3,5

Resolução.

Na Figura 5.3, estão indicadas as informações dadas no enunciado da questão.

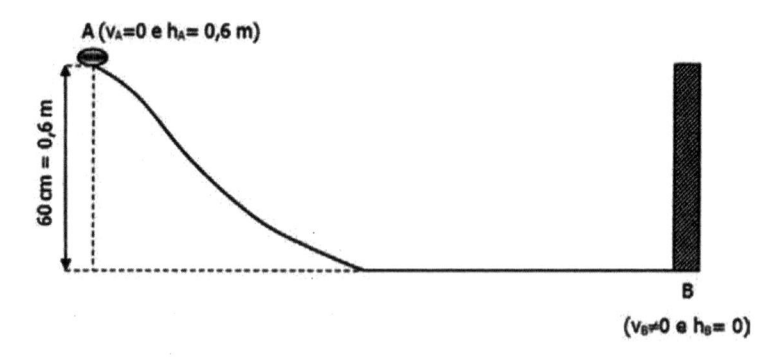

Figura 5.3. *Indicações de informações do enunciado – Exemplo 5.5.*

Na Tabela 5.10, estão resumidas as informações do enunciado do Exemplo 5.5, consisderando o nível de referência em B.

Tabela 5.10. *Resumo das informações do enunciado – Exemplo 5.5.*

	Símbolo	Valor
Velocidade do sabonete em A	v_A	0
Velocidade do sabonete em B	v_B	vamos calcular
Altura do ponto A	h_A	0,6 m
Altura do ponto B	h_B	0

Como não foi dada a massa do sabonete, iremos chamá-la de m. Vamos "comparar" as energias do sabonete nos pontos A e B. Para isso, calculamos essas energias na Tabela 5.11.

Capítulo 5 - Energia Mecânica e Elementos Conservativos e Não Conservativos | 61

Tabela 5.11. *Energia cinética e energia potencial do sabonete.*

	Símbolo	Fórmula e cálculo
Energia cinética do sabonete em A	Ec_A	$Ec_A = \dfrac{m \cdot v_A^2}{2} = \dfrac{m \cdot 0^2}{2} = 0$
Energia cinética do sabonete em B	Ec_B	$Ec_B = \dfrac{m \cdot v_B^2}{2} =$ *(ainda não conhecemos v_B^2)*
Energia potencial do sabonete em A	Ep_A	$Ep_A = m \cdot g \cdot h_A = m \cdot 10 \cdot 0{,}6 = m \cdot 6 = 6m$
Energia potencial do sabonete em B	Ep_B	$Ep_B = m \cdot g \cdot h_B = m \cdot 10 \cdot 0 = 0$

As energias mecânicas do sabonete nos pontos A e B estão mostradas na Tabela 5.12.

Tabela 5.12. *Energia mecânica do sabonete - pontos A e B.*

	Símbolo	Fórmula e cálculo
Energia mecânica do sabonete em A	EM_A	$EM_A = Ec_A + Ep_A = 0 + 6m = 6m$
Energia mecânica do sabonete em B	EM_B	$EM_B = Ec_B + Ep_B = \dfrac{m \cdot v_B^2}{2} + 0 = \dfrac{m \cdot v_B^2}{2} =$

Foi dito para que fosse desconsiderada a atuação de forças contrárias ao movimento. Logo, temos um sistema conservativo, ou seja, há conservação de energia mecânica. Isso quer dizer que as energias mecânicas do sabonete em A e B são iguais.

Escrevendo que a energia mecânica do sabonete em A é igual à energia mecânica do sabonete em B, temos:

$$EM_A = EM_B \Rightarrow 6m = \dfrac{m \cdot v_B^2}{2}$$

Como nos dois lados da equação acima temos a massa m como fator de multiplicação, podemos "cancelar m". Assim, ficamos com:

$$6m = m . \frac{v_B^2}{2} \Rightarrow 6 = \frac{v_B^2}{2} \Rightarrow 6.2 = v_B^2 \Rightarrow 12 = v_B^2 \Rightarrow \sqrt{12} = v_B \Rightarrow 3,5 = v_B \Rightarrow v_B = 3,5 \text{ m/s}$$

Alternativa correta: e.

Exemplo 5.6. Uma esfera de massa igual a 0,8 kg é lançada, do solo, verticalmente para cima com velocidade de 11 m/s. Despreze a resistência do ar e calcule a altura máxima h atingida pela esfera em relação ao solo. Considere que a aceleração da gravidade local g seja 10 m/s².

Resolução.

Na Figura 5.4, estão indicadas as informações dadas no enunciado da questão. O ponto B corresponde ao ponto de altura máxima atingida pela esfera. Nele, a velocidade da esfera é zero.

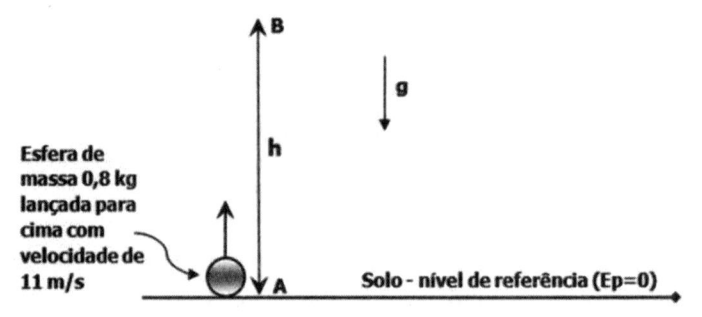

Figura 5.4. *Indicações de informações do enunciado – Exemplo 5.6.*

Na Tabela 5.13, estão resumidas as informações do enunciado do Exemplo 5.6, considerando o nível de referência em A.

Tabela 5.13. *Resumo das informações do enunciado – Exemplo 5.6.*

	Símbolo	Valor
Velocidade da esfera em A	v_A	11 m/s
Velocidade da esfera em B	v_B	0
Altura do ponto A	h_A	0
Altura do ponto B	$h_B = h$	Vamos calcular

A massa m da esfera é de 0,8 kg. Vamos "comparar" as energias da esfera nos pontos A e B. Para isso, calculamos essas energias na Tabela 5.14.

Tabela 5.14. *Energia cinética e energia potencial da esfera.*

	Símbolo	Fórmula e cálculo
Energia cinética da esfera em A	Ec_A	$Ec_A = \dfrac{m \cdot v_A^2}{2} = \dfrac{0,8 \cdot 11^2}{2} = 48,4 J$
Energia cinética da esfera em B	Ec_B	$Ec_B = \dfrac{m \cdot v_B^2}{2} = \dfrac{0,8 \cdot 0^2}{2} = 0$
Energia potencial da esfera em A	Ep_A	$Ep_A = m \cdot g \cdot h_A = 0,8 \cdot 10 \cdot 0 = 0$
Energia potencial da esfera em B	Ep_B	$Ep_B = m \cdot g \cdot h_B = 0,8 \cdot 10 \cdot h = 8h$

As energias mecânicas da esfera nos pontos A e B estão mostradas na Tabela 5.15.

Tabela 5.15. *Energia mecânica da esfera - pontos A e B.*

	Símbolo	Fórmula e cálculo
Energia mecânica da esfera em A	EM_A	$EM_A = Ec_A + Ep_A = 48,4 + 0 = 48,4 J$
Energia mecânica da esfera em B	EM_B	$EM_B = Ec_B + Ep_B = 0 + 8h = 8h$

Foi dito para que fosse desprezada a resistência do ar. Logo, temos um sistema conservativo, ou seja, há conservação de energia mecânica. Isso quer dizer que as energias mecânicas da esfera em A e B são iguais.

Escrevendo que a energia mecânica da esfera em A é igual à energia mecânica da esfera em B, temos:

$$EM_A = EM_B \Rightarrow 48,8 = 8h \Rightarrow \dfrac{48,8}{8} = h \Rightarrow h = 6,05 m$$

Logo, desprezando a resistência do ar, a altura máxima atingia pela esfera é de 6,05 m.

Exemplo 5.7. Recalcule a altura máxima h atingida pela esfera do Exemplo 5.6, mas considerado que, em função da resistência do ar, ocorra a dissipação de 7 J de energia na forma de calor.

Resolução.

Da Tabela 5.15 do Exercício 5.6, temos as energias mecânicas da esfera nos pontos A e B, que são, respectivamente, $EM_A = 48,4$ J e $EM_B = 8h$.

Não podemos igualar essas energias mecânicas porque, neste caso, foi dito que, em função da resistência do ar, houve a dissipação de 7 J de energia na forma de calor. Ou seja, a energia mecânica da esfera em B vale 7 J menos que a sua energia mecânica em A. Ou seja,

$$EM_A - EM_B = 7J$$
$$48,4 - 8h = 7 \Rightarrow 48,4 - 7 = 8h \Rightarrow 41,4 = 8h \Rightarrow \frac{41,4}{8} = h \Rightarrow h = 5,175 \, m$$

Logo, considerando a resistência do ar, a altura máxima atingia pela esfera é de 5,175 m (e não mais 6,05 m, como no caso em que desprezamos a resistência do ar).

Exemplo 5.8 (Mackenzie 2011/2). Um estudante abandonou uma bola de borracha maciça, com 300 g de massa, de uma altura de 1,5 m em relação ao solo, plano e horizontal. A cada batida da bola com o piso, ela perde 20% de sua energia mecânica. Sendo 10 m/s² a aceleração da gravidade no local, a altura máxima atingida por essa bola, após o terceiro choque com o piso, foi aproximadamente de

a) 77 cm
b) 82 cm
c) 96 cm
d) 108 cm
e) 120 cm

Resolução.

Conforme ilustrado na Figura 5.5, chamamos de A o ponto a partir do qual a bola foi abandonada com velocidade v_A igual a zero. Considerando o solo como o nível de referência, a altura h_0 do ponto A é de 1,5 m.

Capítulo 5 - Energia Mecânica e Elementos Conservativos e Não Conservativos | 65

Após a primeira colisão com o piso, a altura máxima h_1 atingida pela bola corresponde ao ponto B. No ponto B, a velocidade v_B da bola é zero.

Após a segunda colisão com o piso, a altura máxima h_2 atingida pela bola corresponde ao ponto C. No ponto C, a velocidade v_C da bola é zero.

Após a terceira colisão com o piso, a altura máxima h_3 atingida pela bola corresponde ao ponto D. No ponto D, a velocidade v_D da bola é zero.

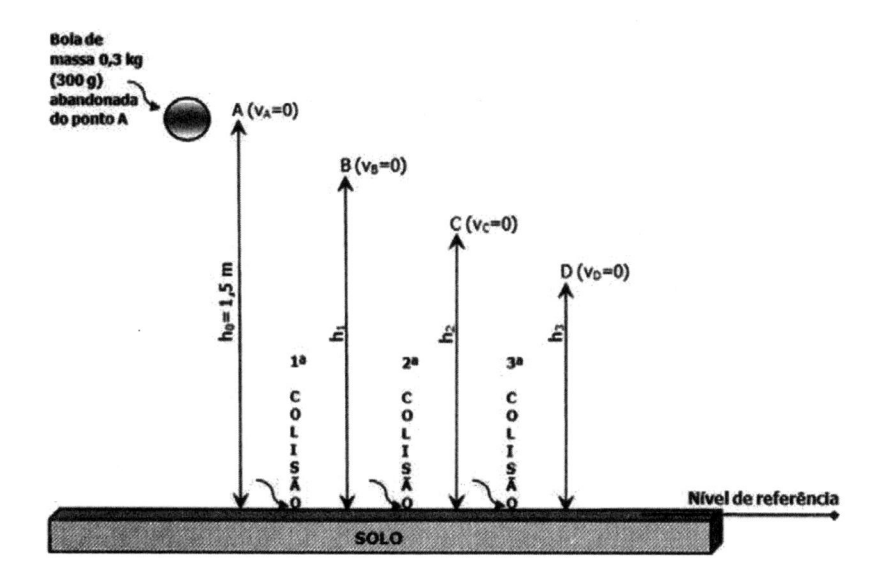

Figura 5.5. *Ilustração – Exemplo 5.6.*

Nas Tabelas 5.16 e 5.17, temos os resumos das informações mostradas na Figura 5.5.

Tabela 5.16. *Resumo das informações – alturas da bola (Figura 5.5).*

	Símbolo	Valor
Altura inicial da bola (ponto A)	h_0	1,5 m
Altura máxima da bola após a 1ª colisão (ponto B)	h_1	-
Altura máxima da bola após a 2ª colisão (ponto B)	h_2	-
Altura máxima da bola após a 3ª colisão (ponto B)	h_3	vamos calcular

Tabela 5.17. *Resumo das informações – velocidades da bola (Figura 5.5).*

	Símbolo	Valor
Velocidade inicial da bola em A	v_A	0
Velocidade da bola em B - altura máxima após a 1ª colisão	v_B	0
Velocidade da bola em C - altura máxima após a 2ª colisão	v_C	0
Velocidade da bola em D - altura máxima após a 3ª colisão	v_D	0

Nas Tabelas 5.18, 5.19 e 5.20, temos os cálculos das energias cinética, potencial e mecânica da bola nos pontos A, B, C e D.

Tabela 5.18. *Energia cinética da bola nos pontos A, B, C e D.*

	Símbolo	Fórmula e cálculo
Energia cinética da bola em A	Ec_A	$Ec_A = \dfrac{m \cdot v_A^2}{2} = \dfrac{0,3 \cdot 0^2}{2} = 0$
Energia cinética da bola em B	Ec_B	$Ec_B = \dfrac{m \cdot v_B^2}{2} = \dfrac{0,3 \cdot 0^2}{2} = 0$
Energia cinética da bola em C	Ec_C	$Ec_C = \dfrac{m \cdot v_C^2}{2} = \dfrac{0,3 \cdot 0^2}{2} = 0$
Energia cinética da bola em D	Ec_D	$Ec_D = \dfrac{m \cdot v_D^2}{2} = \dfrac{0,3 \cdot 0^2}{2} = 0$

Tabela 5.19. *Energia potencial da bola nos pontos A, B, C e D.*

	Símbolo	Fórmula e cálculo
Energia potencial da bola em A	Ep_A	$Ep_A = m \cdot g \cdot h_0 = 0,3 \cdot 10 \cdot 1,5 = 4,5\ J$
Energia potencial da bola em B	Ep_B	$Ep_B = m \cdot g \cdot h_1 = 0,3 \cdot 10 \cdot h_1 = 3 \cdot h_1$
Energia potencial da bola em C	Ep_C	$Ep_C = m \cdot g \cdot h_2 = 0,3 \cdot 10 \cdot h_2 = 3 \cdot h_2$
Energia potencial da bola em D	Ep_D	$Ep_D = m \cdot g \cdot h_3 = 0,3 \cdot 10 \cdot h_3 = 3 \cdot h_3$

Tabela 5.20. *Energia mecânica da bola nos pontos A, B, C e D (parte 1).*

	Símbolo	Fórmula e cálculo
Energia mecânica da bola em A	EM_A	$EM_A = Ec_A + Ep_A = 0 + 4,5 = 4,5\,J$
Energia mecânica da bola em B	EM_B	$EM_B = Ec_B + Ep_B = 0 + 3h_1 = 3h_1$
Energia mecânica da bola em C	EM_C	$EM_C = Ec_C + Ep_C = 0 + 3h_2 = 3h_2$
Energia mecânica da bola em D	EM_D	$EM_D = Ec_D + Ep_D = 0 + 3h_3 = 3h_3$

No enunciado, é dito que, a cada batida da bola no piso, ela perde 20% de sua energia mecânica. Ou seja, depois de cada colisão com o piso, a bola tem 80% da energia mecânica que ela possuía. Logo, conforme calculado na Tabela 5.21, em B, a energia mecânica da bola é 80% da sua energia mecânica em A. Em C, a energia mecânica da bola é 80% da sua energia mecânica em B. Em D, a energia mecânica da bola é 80% da sua energia mecânica em C.

Tabela 5.21. *Energia mecânica da bola nos pontos A, B, C e D (parte 2).*

	Símbolo	Fórmula e cálculo
Energia mecânica da bola em A	EM_A	$EM_A = 4,5\,J$
Energia mecânica da bola em B	EM_B	$EM_B = 80\%\text{ de }EM_A = 0,80 \cdot 4,5 = 3,6\,J$
Energia mecânica da bola em C	EM_C	$EM_C = 80\%\text{ de }EM_B = 0,80 \cdot 3,6 = 2,88\,J$
Energia mecânica da bola em D	EM_D	$EM_D = 80\%\text{ de }EM_C = 0,8 \cdot 2,88 = 2,304\,J$

Da Tabela 5.20, vemos que $EM_D = 3 \cdot h_3$ e, da Tabela 5.21, vemos que $EM_D = 2,304\,J$. Logo,

$$2,304 = 3 \cdot h_3 \Rightarrow \frac{2,304}{3} = h_3 \Rightarrow 0,768 = h_3 \Rightarrow h_3 = 0,768\,m \text{ ou } h_3 = 76,8\,cm$$

Alternativa correta: a.

Exemplo 5.9 (Fatec 2010/2). Um balão sobe verticalmente com velocidade constante de 2 m/s e a 200 metros (ponto A) do solo, um saco de areia de 2,0 kg se solta do balão e atinge o solo (ponto B) com velocidade V. Veja figura a seguir.

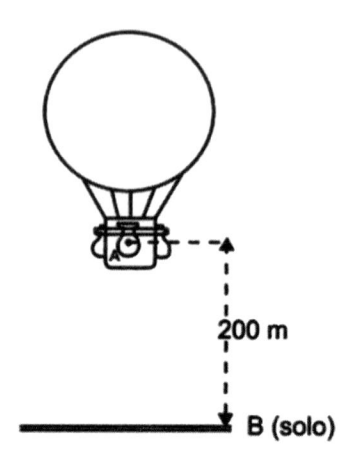

Desprezando a resistência do ar, são consideradas as seguintes afirmativas.

I. Pela conservação da energia mecânica, a energia potencial do saco de areia no ponto de onde ele se solta (ponto A) é igual à sua energia cinética quando toca o solo.

II. A variação da energia cinética do saco de areia entre os pontos A e B é igual, em módulo, à energia potencial no ponto de onde ele se solta (ponto A).

III. A energia cinética do saco de areia, no ponto médio de onde ele se solta, a 100 metros (ponto médio do segmento AB), é igual à média aritmética das energias cinéticas de A e B.

IV. A velocidade V, de chegada ao solo, tem módulo igual a 2 m/s.

É correto o que se afirma em

a) I, apenas.
b) II e III, apenas.
c) I e II, apenas.
d) III e IV, apenas.
e) I, II e III, apenas.

Resolução.

Considerando o solo como o nível de referência, as informações dadas no enunciado estão resumidas na Tabela 5.22.

Tabela 5.22. *Resumo das informações do enunciado - Exemplo 5.9.*

	Símbolo	Valor
Altura do saco no ponto A	h_A	200 m
Altura do saco no ponto B	h_B	0 m
Velocidade do saco no ponto A (mesma do balão)	v_A	2 m/s, para cima
Velocidade do saco no ponto B	v_B	Vamos calcular

A energia cinética, a energia potencial e a energia mecânica do saco nos pontos A e B estão calculadas na Tabela 5.23. Veja que a massa m do saco foi dada e é igual a 2 kg.

Tabela 5.23. *Energia cinética e energia potencial do saco nos pontos A e B.*

	Símbolo	Fórmula e cálculo
Energia cinética do saco em A	Ec_A	$Ec_A = \dfrac{m \cdot v_A^2}{2} = \dfrac{2 \cdot 2^2}{2} = 4\,J$
Energia cinética do saco em B	Ec_B	$Ec_B = \dfrac{m \cdot v_B^2}{2} = \dfrac{2 \cdot v_B^2}{2} = v_B^2$
Energia potencial do saco em A	Ep_A	$Ep_A = m \cdot g \cdot h_A = 2 \cdot 10 \cdot 200 = 4000\,J$
Energia potencial do saco em B	Ep_B	$Ep_B = m \cdot g \cdot h_B = 2 \cdot 10 \cdot 0 = 0\,J$
Energia mecânica do saco em A	EM_A	$EM_A = Ec_A + Ep_A = 4 + 4000 = 4004\,J$
Energia mecânica do saco em B	EM_B	$EM_B = Ec_B + Ep_B = v_B^2 + 0 = v_B^2$

Como não há dissipação de energia, a energia mecânica do saco em A é igual à energia mecânica do saco em B. Ou seja,

$$EM_A = EM_B \Rightarrow 4004 = v_B^2 \Rightarrow \sqrt{4004} = v_B \Rightarrow 63,3 \text{ ou } v_B = 63,3 \text{ m/s}$$

Sabendo a velocidade do saco no ponto B, podemos calcular a sua energia cinética nesse ponto, pois

$$Ec_B = \frac{m \cdot v_B^2}{2} = \frac{2 \cdot v_B^2}{2} = v_B^2 = (63,3)^2 \Rightarrow Ec_B = 4004 \, J$$

Agora, vamos analisar cada uma das afirmativas.

Afirmativa I – Falsa.
Justificativa. Pelos cálculos anteriores, vimos que, pela aplicação do princípio da conservação de energia mecânica, a energia potencial Ep_A do saco de areia no ponto de onde ele se solta ($Ep_A = 4000$ J) não é igual à sua energia cinética Ec_B quando toca o solo ($Ec_B = 4004$ J).

Afirmativa II – Verdadeira.
Justificativa. A variação da energia cinética do saco de areia entre os pontos A e B é igual a 4000 J, pois $Ec_B - Ec_A = 4004 - 4 = 4000$ J. Essa variação é igual à energia potencial Ep_A no ponto de onde ele se solta ($Ep_A = 4000$ J).

Afirmativa III – Verdadeira.
Justificativa. Vamos chamar de M o ponto médio onde o saco se solta, a 100 metros do solo, ou seja, M é o ponto médio do segmento AB. Para esse ponto M, temos o que está na Tabela 5.24.

Tabela 5.24. *Ponto médio M do segmento AB.*

	Símbolo	Valor
Altura do saco no ponto M	h_M	100 m
Velocidade do saco no ponto M	v_M	Vamos calcular
Energia cinética do saco em M	Ec_M	$Ec_M = \frac{m \cdot v_M^2}{2} = \frac{2 \cdot v_M^2}{2} = v_M^2$
Energia potencial do saco em M	Ep_M	$Ep_M = m \cdot g \cdot h_M = 2 \cdot 10 \cdot 100 = 2000 \, J$
Energia mecânica do saco em M	EM_M	$EM_M = Ec_M + Ep_M = v_M^2 + 2000$

Como não há dissipação de energia, a energia mecânica do saco em A é igual à energia mecânica do saco em M. Ou seja,

$$EM_A = EM_M \Rightarrow 4004 = v_B^2 + 2000 \Rightarrow 4004 - 2000 = v_B^2 \Rightarrow \sqrt{2004} = v_B \text{ ou } v_B = 44,8 \text{ m/s}$$

Sabendo a velocidade do saco no ponto M, podemos calcular a sua energia cinética nesse ponto, pois

$$Ec_M = \frac{m \cdot v_M^2}{2} = \frac{2 \cdot v_M^2}{2} = v_M^2 = (44,8)^2 \Rightarrow Ec_M = 2004 \text{ J}$$

A média aritmética das energias cinéticas de A e B é igual a 2004 J, pois ela é a soma das energias cinéticas do saco em A e B, sendo esse resultado dividido por 2, conforme detalhado a seguir.

$$M\acute{e}dia = \frac{Ec_A + Ec_B}{2} = \frac{4004 + 4}{2} = \frac{4008}{2} = 2004 \text{ J}$$

Concluímos que a energia cinética Ec_M do saco de areia no ponto médio de onde ele se solta, a 100 metros (ponto médio do segmento AB), é de 2004 J. Essa energia é igual à média aritmética das energias cinéticas do saco em A e B.

Afirmativa IV – Falsa.
Justificativa. A velocidade V de chegada ao solo, que indicamos por v_B, tem módulo igual a 63,3 m/s, e não 2 m/s.

Alternativa correta: b.

Exemplo 5.10 (FGV 2008). Ao passar pelo ponto A, a uma altura de 3,5 m do nível de referência B, uma esfera com massa de 2 kg, que havia sido abandonada de um ponto mais alto que A, possui uma velocidade de 2 m/s.

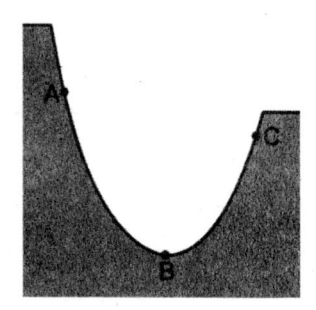

A esfera passa por B e, em C, a 3,0 m do mesmo nível de referência, sua velocidade torna-se zero. A parcela de energia dissipada pelas ações resistentes sobre a esfera é, em J,

Dado: g = 10 m/s²

a) 10
b) 12
c) 14
d) 16
e) 18

Resolução.

Na Figura 5.6, temos uma ilustração das informações fornecidas no enunciado do Exemplo 5.10.

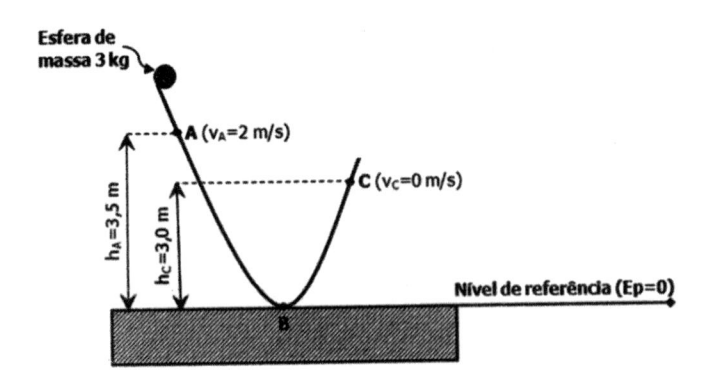

Figura 5.6. *Ilustração – Exemplo 5.10.*

Na Tabela 5.25, temos um resumo dos dados dos pontos A e C (Exemplo 5.10).

Tabela 5.25. *Resumo das informações – pontos A e C (Exemplo 5.10).*

	Símbolo	Valor
Altura da esfera no ponto A	h_A	3,5 m
Altura da esfera no ponto C	h_C	3,0 m
Velocidade da esfera no ponto A	v_A	2 m/s
Velocidade da esfera no ponto C	v_C	0 m/s

A energia cinética, a energia potencial e a energia mecânica da esfera nos pontos A e C estão calculadas na Tabela 5.26. Veja que a massa m da esfera foi dada e é igual a 2 kg.

Tabela 5.26. *Energia cinética, potencial e mecânica da esfera nos pontos A e C.*

	Símbolo	Fórmula e cálculo
Energia cinética da esfera em A	Ec_A	$Ec_A = \dfrac{m \cdot v_A^2}{2} = \dfrac{2 \cdot 2^2}{2} = 4\,J$
Energia cinética da esfera em C	Ec_C	$Ec_C = \dfrac{m \cdot v_C^2}{2} = \dfrac{2 \cdot 0^2}{2} = 0\,J$
Energia potencial da esfera em A	Ep_A	$Ep_A = m \cdot g \cdot h_A = 2 \cdot 10 \cdot 3{,}5 = 70\,J$
Energia potencial da esfera em C	Ep_C	$Ep_C = m \cdot g \cdot h_C = 2 \cdot 10 \cdot 3 = 60\,J$
Energia mecânica da esfera em A	EM_A	$EM_A = Ec_A + Ep_A = 4 + 70 = 74\,J$
Energia mecânica da esfera em C	EM_C	$EM_C = Ec_C + Ep_C = 0 + 60 = 60\,J$

Pela Tabela 5.26, observamos que a energia mecânica da esfera no ponto C ($EM_C = 60\,J$) é menor do que a energia mecânica da esfera no ponto A ($EM_A = 74\,J$). A diminuição de energia mecânica foi de 14 J, pois $EM_C - EM_A = 60 - 74 = -14\,J$.

Logo, a energia dissipada pelas ações resistentes sobre a esfera é de 14 J.

Alternativa correta: c.

Exemplo 5.11 (Fuvest S/D). Um ciclista desce uma ladeira, com forte vento contrário ao movimento. Pedalando vigorosamente, ele consegue manter a velocidade constante. Pode-se então afirmar que a sua

a) energia cinética está aumentando.
b) energia cinética está diminuindo.
c) energia potencial gravitacional está aumentando.
d) energia potencial gravitacional está diminuindo.
e) energia potencial gravitacional é constante.

Resolução.

Vamos analisar o que acontece com a energia cinética e a energia potencial gravitacional do ciclista durante sua descida pela ladeira.

Energia cinética do ciclista

Sabemos que a energia cinética de um corpo de massa m, que se movimenta com velocidade v, é calculada da seguinte maneira: multiplica-se a massa do corpo pela sua velocidade elevada ao quadrado e divide-se o resultado obtido por 2.

Foi dito, no enunciado, que o ciclista mantém sua velocidade constante.

Logo, como não há variações nem na massa nem na velocidade do ciclista, sua energia cinética também não varia, ou seja, sua energia cinética não está aumentando e não está diminuindo.

Energia potencial gravitacional do ciclista

Sabemos que a energia potencial gravitacional de um corpo de massa m, localizado a certa altura h de um nível de referência, é calculada da seguinte maneira: multiplica-se a massa do corpo pela aceleração da gravidade local (geralmente, consideramos g = 10 m/s²) e pela altura h.

Se considerarmos o nível de referência no ponto mais baixo da ladeira, vemos que a altura do ciclista em relação a esse nível de referência está diminuindo.

Logo, como a altura do ciclista está diminuindo com o tempo, sua energia potencial gravitacional também está diminuindo com o tempo.

Alternativa correta: d.

Exemplo 5.12 (Universidade de Pelotas S/D - com adaptações). Um corpo desce livremente um plano inclinado com velocidade constante. Quanto às forças que sobre ele atuam, podemos afirmar que

a) são todas forças conservativas porque a energia cinética do corpo não varia.
b) são todas forças conservativas porque a energia potencial do corpo diminui.
c) não são todas forças conservativas porque a energia mecânica do corpo diminui.
d) são todas forças não conservativas porque parte da energia mecânica do corpo é transformada em calor.
e) são todas forças não conservativas porque a energia mecânica do corpo aumenta.

Resolução.

Na Figura 5.6, está representado um corpo que desce um plano inclinado, desde o ponto A até o ponto B. Considerando o nível de referência em B, a altura do ponto A foi indicada por h.

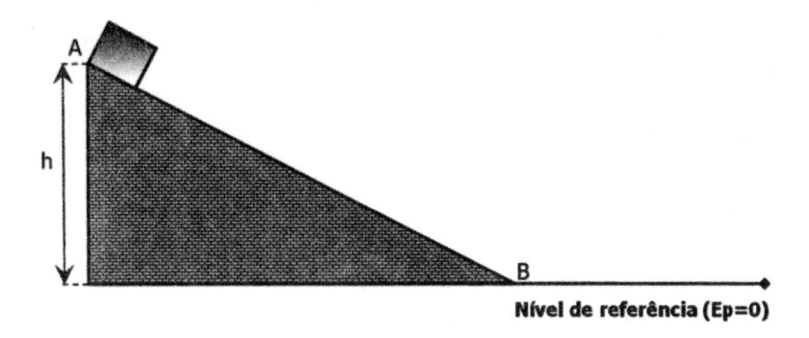

Figura 5.7. *Ilustração – Exemplo 5.12.*

Vejamos o que acontece com as energias potencial, cinética e mecânica do corpo na sua descida do plano inclinado.

Energia cinética do corpo

Foi dito que o corpo desce o plano inclinado com velocidade constante. Logo, sua energia cinética permanece constante, ou seja, não varia.

Isso porque a energia cinética de um corpo de massa m, que se movimenta com velocidade v, é calculada da seguinte maneira: multiplica-se a massa do corpo pela sua velocidade elevada ao quadrado e divide-se o resultado obtido por 2.

Energia potencial gravitacional do corpo

Conforme mostrado na Figura 5.7, a altura do corpo, na sua descida do plano inclinado desde A até B, diminui de h para zero. Logo, sua energia potencial gravitacional também diminui.

Isso porque a energia potencial gravitacional de um corpo de massa m, localizado a certa altura h de um nível de referência, é calculada da seguinte maneira: multiplica-se a massa do corpo pela aceleração da gravidade local (geralmente, consideramos $g = 10$ m/s^2) e pela altura h.

Energia mecânica do corpo

Durante a descida desde A até B, a energia cinética do corpo permanece constante e sua energia potencial gravitacional diminui. Logo, sua energia mecânica diminui.

Isso porque a energia mecânica do corpo, em cada ponto do seu trajeto, é a soma das suas energias cinética e mecânica.

Conclusão

Desde A até B, temos o seguinte:

- a energia cinética do corpo não varia;
- a energia potencial do corpo diminui;
- a energia mecânica do corpo diminui;
- há força não conservativa (força de atrito) atuando no corpo, pois, caso contrário, a sua energia mecânica não teria variado.

Alternativa correta: c.

Exemplo 5.13 (Unitau S/D). Quando um objeto está em queda livre

a) sua energia cinética se conserva.
b) sua energia potencial gravitacional se conserva.
c) não há mudança de sua energia total.
d) a energia cinética se transforma em energia potencial.
e) nenhum trabalho é realizado sobre o objeto.

Resolução.

Na Figura 5.8, está representado um corpo em queda livre, desde o ponto A até o ponto B. Considerando o nível de referência em B, a altura do ponto A foi indicada por h.

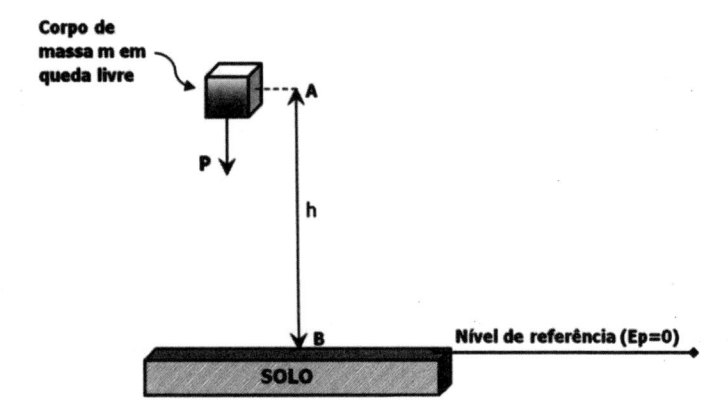

Capítulo 5 - Energia Mecânica e Elementos Conservativos e Não Conservativos | 77

Figura 5.8. *Ilustração – Exemplo 5.13.*

Vejamos o que acontece com as energias potencial, cinética e mecânica do corpo na sua queda livre desde A até B.

Energia cinética do corpo

Como a velocidade do corpo aumenta, sua energia cinética também aumenta.

Isso porque a energia cinética de um corpo de massa m, que se movimenta com velocidade v, é calculada da seguinte maneira: multiplica-se a massa do corpo pela sua velocidade elevada ao quadrado e divide-se o resultado obtido por 2.

Energia potencial gravitacional do corpo

Conforme mostrado na Figura 5.8, a altura do corpo, na sua descida desde A até B, diminui de h para zero. Logo, sua energia potencial gravitacional também diminui.

Isso porque a energia potencial gravitacional de um corpo de massa m, localizado a certa altura h de um nível de referência, é calculada da seguinte maneira: multiplica-se a massa do corpo pela aceleração da gravidade local (geralmente, consideramos g = 10 m/s²) e pela altura h.

Energia mecânica do corpo

Durante a descida desde A até B, a energia cinética do corpo aumenta e sua energia potencial gravitacional diminui.

Como não há forças dissipativas, sua energia mecânica permanece constante.

Devemos lembrar que a energia mecânica do corpo, em cada ponto do seu trajeto, é a soma das suas energias cinética e mecânica.

Alternativa correta: c.

Exemplo 5.14. Na figura a seguir, está representada uma esfera que parte do repouso em A e percorre uma trajetória sem atrito ou qualquer resistência ao seu movimento. Considere que a aceleração da gravidade g seja igual a 10m/s² e calcule a velocidade da esfera em B.

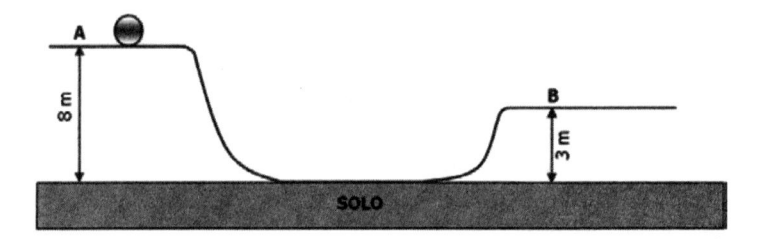

Resolução.

Na Tabela 5.27, temos um resumo dos dados dos pontos A e B (Exemplo 5.14).

Tabela 5.27. *Resumo das informações – Exemplo 5.14.*

	Símbolo	Valor
Altura da esfera no ponto A	h_A	8 m
Altura da esfera no ponto B	h_B	3 m
Velocidade da esfera no ponto A	v_A	0 m/s
Velocidade da esfera no ponto B	v_B	Vamos calcular

A energia cinética, a energia potencial e a energia mecânica da esfera nos pontos A e B estão calculadas na Tabela 5.28. Como a massa da esfera não foi dada, vamos chamá-la de m.

Capítulo 5 - Energia Mecânica e Elementos Conservativos e Não Conservativos | 79

Tabela 5.28. *Energia cinética, potencial gravitacional e mecânica – Exemplo 5.14.*

	Símbolo	Fórmula e cálculo
Energia cinética da esfera em A	Ec_A	$Ec_A = \dfrac{m \cdot v_A^2}{2} = \dfrac{2 \cdot 0^2}{2} = 0 J$
Energia cinética da esfera em B	Ec_B	$Ec_B = \dfrac{m \cdot v_B^2}{2}$
Energia potencial da esfera em A	Ep_A	$Ep_A = m \cdot g \cdot h_A = m \cdot 10 \cdot 8 = 80\, m$
Energia potencial da esfera em B	Ep_B	$Ep_B = m \cdot g \cdot h_B = m \cdot 10 \cdot 3 = 30\, m$
Energia mecânica da esfera em A	EM_A	$EM_A = Ec_A + Ep_A = 0 + 80\, m = 80\, m$
Energia mecânica da esfera em B	EM_B	$EM_B = Ec_B + Ep_B = \dfrac{m \cdot v_B^2}{2} + 30m$

No enunciado, foi dito que não há dissipação de energia. Logo, as energias mecânicas da esfera em A e B são iguais. Ou seja,

$$EM_A = EM_C \Rightarrow 80\, m = \dfrac{m \cdot v_B^2}{2} + 30m$$

Na equação acima, todas as parcelas estão multiplicadas por m. Assim, podemos "cancelar" o fator m, ficando com o seguinte:

$$80 = \dfrac{v_B^2}{2} + 30 \Rightarrow 80 - 30 = \dfrac{v_B^2}{2} \Rightarrow 50 = \dfrac{v_B^2}{2} \Rightarrow 50 \cdot 2 = v_B^2$$

$$100 = v_B^2 \Rightarrow \sqrt{100} = v_B \Rightarrow v_B = 10\ m/s$$

Concluímos que a velocidade da esfera em B é de 10 m/s.

Exemplo 5.15 (FATEC 2002). Um bloco com massa de 0,60 kg é abandonado, a partir do repouso, no ponto A de uma pista no plano vertical. O ponto A está a 2,0 m de altura da base da pista, onde está fixa uma mola de constante elástica 150 N/m. São desprezíveis os efeitos do atrito e adota-se $g = 10 m/s^2$. A máxima compressão da mola vale, em metros,

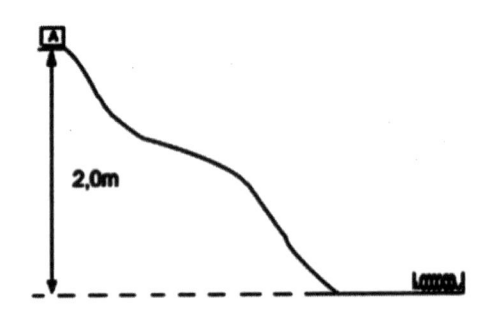

a) 0,80
b) 0,40
c) 0,20
d) 0,10
e) 0,05

Resolução.

Na Figura 5.9, estão representados o ponto B de máxima compressão da mola e o nível de referência adotado.

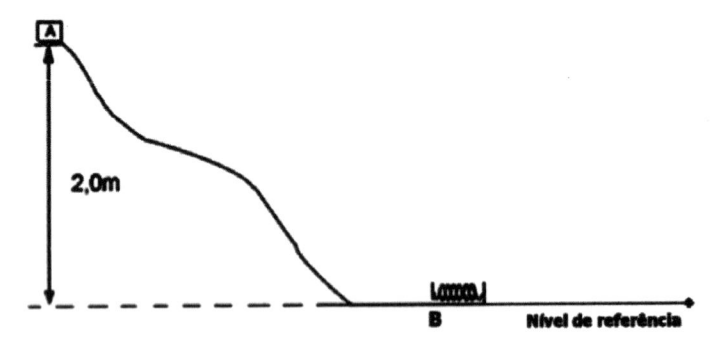

Figura 5.9. *Ilustração – Exemplo 5.15.*

Na Tabela 5.29, estão resumidas as informações do enunciado e da Figura 5.9. Foi dito que o bloco é abandonado do repouso a partir do ponto A, ou seja, sua velocidade em A é zero.

Tabela 5.29. *Resumo das informações – Exemplo 5.15.*

	Símbolo	Valor
Velocidade do bloco em A	v_A	0
Velocidade do bloco em B	v_B	0
Altura do ponto A	h_A	2,0
Altura do ponto B	h_B	0
Compressão da mola em A	x_A	0
Compressão da mola em B	x_B	Vamos calcular

Vamos "comparar" as energias cinética, potencial gravitacional e elástica nos pontos A e B. Para isso, calculamos essas energias na Tabela 5.30.

Nessa tabela, usamos o valor de 0,6 kg para a massa m do corpo, pois isso foi dito no enunciado. O valor da constante elástica K da mola também foi fornecido: $K = 150$ N/m.

Tabela 5.30. *Energia cinética, potencial gravitacional e elástica – Exemplo 5.15.*

	Símbolo	Fórmula e cálculo
Energia cinética em A	Ec_A	$Ec_A = \dfrac{m \cdot v_A^2}{2} = \dfrac{0,6 \cdot 0^2}{2} = 0$
Energia cinética em B	Ec_B	$Ec_B = \dfrac{m \cdot v_B^2}{2} = \dfrac{0,6 \cdot 0^2}{2} = 0$
Energia potencial gravitacional em A	Ep_A	$Ep_A = m \cdot g \cdot h_A = 0,6 \cdot 10 \cdot 2 = 12\ J$
Energia potencial gravitacional em B	Ep_B	$Ep_B = m \cdot g \cdot h_B = 0,6 \cdot 10 \cdot 0 = 0$
Energia elástica em A	Ee_A	$Ee_A = \dfrac{K \cdot x_A^2}{2} = \dfrac{150 \cdot 0^2}{2} = 0$
Energia elástica em B	Ee_B	$Ee_B = \dfrac{K \cdot x_B^2}{2} = \dfrac{150 \cdot x_B^2}{2} = 75 x_B^2$

A energia mecânica é a soma da energia cinética, da energia potencial gravitacional e da energia elástica, conforme mostrado na Tabela 5.31.

Tabela 5.31. *Energia mecânica – Exemplo 5.15.*

	Símbolo	Fórmula e cálculo
Energia mecânica em A	EM_A	$EM_A = Ec_A + Ep_A + Ee_A = 0 + 12 + 0 = 12\,J$
Energia mecânica em B	EM_B	$EM_B = Ec_B + Ep_B + Ee_B = 0 + 0 + 75x_B^2 = 75x_B^2$

Desprezando os efeitos do atrito, temos um sistema conservativo, ou seja, há conservação de energia mecânica. Isso quer dizer que as energias mecânicas em A e B são iguais.

Escrevendo que a energia mecânica em A é igual à energia mecânica em B, temos:

$$EM_A = EM_B \Rightarrow 12 = 75x_B^2 \Rightarrow \frac{12}{75} = x_B^2 \Rightarrow \sqrt{\frac{12}{75}} = x_B \Rightarrow x_B = \sqrt{\frac{12}{75}} \Rightarrow x_B = 0,4\,m$$

Logo, a máxima compressão da mola é de 0,4 m.

Alternativa correta: b.

Exemplo 5.16 (UFSC S/D). Um corpo de massa m = 100 g, inicialmente em repouso, é solto de uma altura de 2,2 m. Abaixo desse corpo, há uma plataforma, de massa desprezível, montada sobre uma mola também de massa desprezível, constante de mola K = 10 N/m e comprimento relaxado de 1,0 m (veja a figura abaixo, a qual não está em escala). Determine a compressão máxima da mola em cm, supondo que o movimento tenha ocorrido na direção vertical. Use g = 10 m/s².

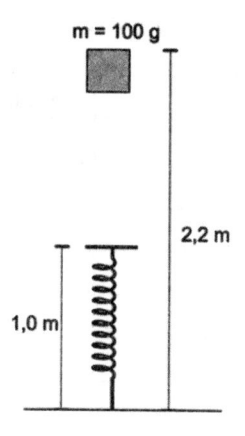

Resolução.

Na Figura 5.10, estão representados os seguintes pontos:

- A – posição da qual o corpo é abandonado, da altura h_A, em repouso ($v_A=0$);
- B – posição de máxima compressão da mola, de altura nula em relação ao nível de referência ($h_B=0$), na qual a velocidade do corpo é zero ($v_B=0$).

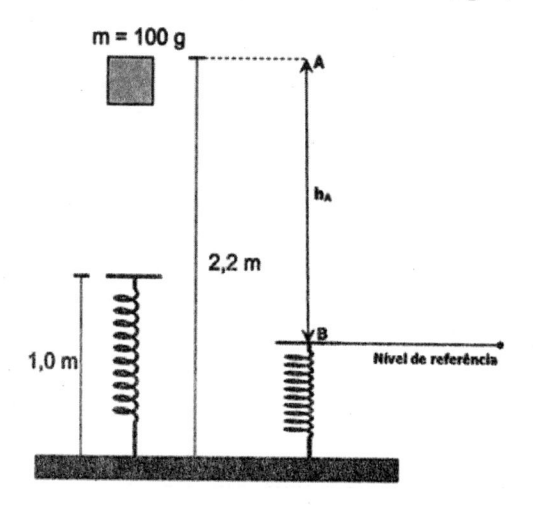

Figura 5.10. *Ilustração – Exemplo 5.16.*

Na Tabela 5.32, estão resumidas as informações do enunciado e da Figura 5.10.

Tabela 5.32. *Resumo das informações – Exemplo 5.16.*

	Símbolo	Valor
Velocidade do corpo em A	v_A	0
Velocidade do corpo em B	v_B	0
Altura do ponto A	h_A	Vamos calcular
Altura do ponto B	h_B	0
Compressão da mola em A	x_A	0
Compressão da mola em B	x_B	0

Vamos "comparar" as energias cinética, potencial gravitacional e elástica nos pontos A e B. Para isso, calculamos essas energias na Tabela 5.33.

Nessa tabela, usamos o valor de 0,1 kg para a massa m do corpo. Foi dito, no enunciado, que a massa do corpo é de 100 g, ou seja, 0,1 kg, pois 1.000 g equivalem a 1 kg.

O valor da constante elástica K também foi fornecido: K = 10 N/m.

Tabela 5.33. *Energia cinética, potencial gravitacional e elástica – Exemplo 5.16.*

	Símbolo	Fórmula e cálculo
Energia cinética em A	Ec_A	$Ec_A = \dfrac{m \cdot v_A^2}{2} = \dfrac{0,1 \cdot 0^2}{2} = 0$
Energia cinética em B	Ec_B	$Ec_B = \dfrac{m \cdot v_B^2}{2} = \dfrac{0,1 \cdot 0^2}{2} = 0$
Energia potencial gravitacional em A	Ep_A	$Ep_A = m \cdot g \cdot h_A = 0,1 \cdot 10 \cdot h_A = 1 \cdot h_A = h_A$
Energia potencial gravitacional em B	Ep_B	$Ep_B = m \cdot g \cdot h_B = 0,1 \cdot 10 \cdot 0 = 0$
Energia elástica em A	Ee_A	$Ee_A = \dfrac{K \cdot x_A^2}{2} = \dfrac{10 \cdot 0^2}{2} = 0$
Energia elástica em B	Ee_B	$Ee_B = \dfrac{K \cdot x_B^2}{2} = \dfrac{10 \cdot x_B^2}{2} = 5x_B^2$

A energia mecânica é a soma da energia cinética, da energia potencial gravitacional e da energia elástica, conforme mostrado na Tabela 5.34.

Tabela 5.34. *Energia mecânica – Exemplo 5.16.*

	Símbolo	Fórmula e cálculo
Energia mecânica em A	EM_A	$EM_A = Ec_A + Ep_A + Ee_A = 0 + h_A + 0 = h_A$
Energia mecânica em B	EM_B	$EM_B = Ec_B + Ep_B + Ee_B = 0 + 0 + 5x_B^2 = 5x_B^2$

Ignorando os efeitos dissipativos, temos um sistema conservativo, ou seja, há conservação de energia mecânica. Isso quer dizer que as energias mecânicas em A e B são iguais.

Escrevendo que a energia mecânica em A é igual à energia mecânica em B, temos:

$$EM_A = EM_B \Rightarrow h_A = 5x_B^2$$

Pela equação acima, se soubermos o valor de h_A, poderemos calcular o valor de x_B, pois cinco vezes x_B elevado ao quadrado é igual a h_A.

Na Figura 5.11, é possível visualizarmos h_A e x_B.

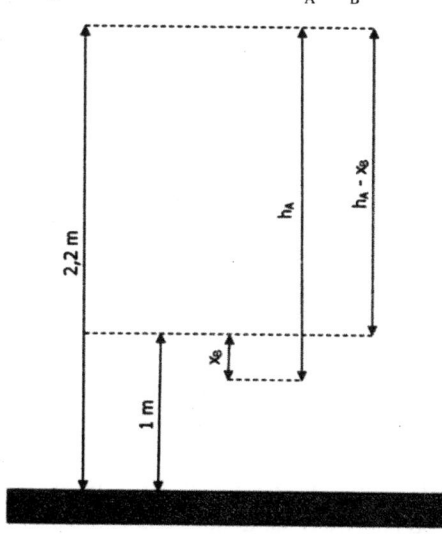

Figura 5.11. *Visualização de h_A e x_B.*

Da Figura 5.11, concluímos que a subtração $h_A - x_B$ corresponde a $2{,}2 - 1 = 1{,}1$. Ou seja,

$$h_A - x_B = 2{,}2 - 1 \Rightarrow h_A - x_B = 1{,}2 \Rightarrow h_A = 1{,}2 + x_B$$

Logo, temos o seguinte:

$$h_A = 5x_B^2 \text{ e } h_A = 1{,}2 + x_B \Rightarrow 5x_B^2 = 1{,}2 + x_B \Rightarrow 5x_B^2 - x_B - 1{,}2 = 0$$

Agora, temos de resolver uma equação do segundo grau do tipo $ax^2 + bx + c = 0$, com $a = 5$, $b = -1$ e $c = -1{,}2$.

Primeiramente, devemos calcular delta (Δ), cuja fórmula é

$$\Delta = b^2 - 4 \cdot a \cdot c$$

No caso, Δ é 25, conforme os cálculos mostrados abaixo:

$$\Delta = b^2 - 4 \cdot a \cdot c = (-1)^2 - 4 \cdot 5 \cdot (-1{,}2) = 1 + 24 = 25$$

As soluções x_1 e x_2 de uma equação do segundo grau são:

$$x_1 = \frac{-b - \sqrt{\Delta}}{2a} \quad e \quad x_2 = \frac{-b + \sqrt{\Delta}}{2a}$$

No caso, essas soluções são $-0{,}4$ e $0{,}6$, conforme os cálculos mostrados a seguir.

$$x_1 = \frac{-b - \sqrt{\Delta}}{2a} = \frac{-(-1) - \sqrt{25}}{2 \cdot 5} = \frac{1 - 5}{10} = -0{,}4$$

$$x_1 = \frac{-b + \sqrt{\Delta}}{2a} = \frac{-(-1) + \sqrt{25}}{2 \cdot 5} = \frac{1 + 5}{10} = 0{,}6$$

Como a compressão máxima x_B da mola é um número positivo, ficamos com 0,6 como resposta. Ou seja, a compressão máxima da mola é de 0,6 m.

Exemplo 5.17 (FGV 2011). Em festas de aniversário, um dispositivo bastante simples arremessa confetes. A engenhoca é constituída essencialmente por um tubo de papelão e uma mola helicoidal comprimida. No interior do tubo estão acondicionados os confetes.

Uma pequena torção na base plástica do tubo destrava a mola que, em seu processo de relaxamento, empurra, por 20 cm, os confetes para fora do dispositivo.

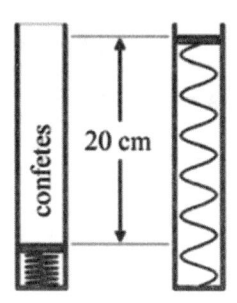

Ao serem lançados com o tubo na posição vertical, os confetes atingem no máximo 4 metros de altura, 20% do que conseguiriam se não houvesse a resistência do ar. Considerando que a porção de confetes a ser arremessada tem massa total de 10 g e que a aceleração da gravidade é de 10 m/s², o valor da constante elástica da mola utilizada é de, aproximadamente, em N/m,

a) 10
b) 20
c) 40
d) 50
e) 100

Resolução.

Foi dito que os confetes atingem no máximo 4 metros de altura, 20% do que conseguiriam se não houvesse a resistência do ar. Ou seja, 4 metros são 20% da altura h atingida pelos confetes, no caso de não haver resistência do ar. Logo,

$$4 = 20\% \, de \, h \Rightarrow 4 = 0{,}2 \cdot h \Rightarrow \frac{4}{0{,}2} = h \Rightarrow h = 20 \, m$$

Vamos resolver este exemplo considerando a situação de não haver resistência do ar.

Na Figura 5.12 estão indicados os pontos A e B descritos a seguir.

Vamos chamar de A o ponto no qual a mola está comprimida de x_A igual a 20 cm ou 0,2 m, conforme indicado na figura do enunciado. Nesse ponto, a velocidade v_A dos confetes é zero. Consideraremos o ponto A no nível de referência, ou seja, a altura h_A do ponto A é zero.

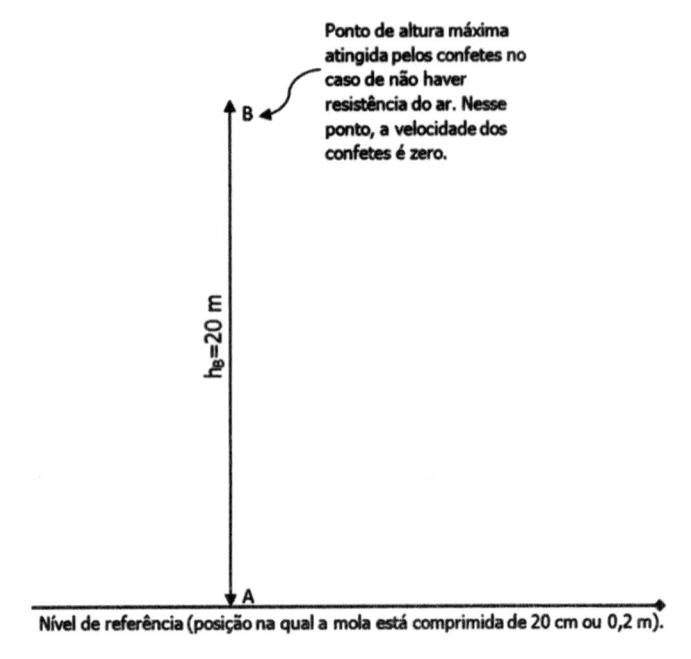

Figura 5.12. *Ilustração – Pontos A e B*

Na Tabela 5.35, estão resumidas as informações do enunciado e da Figura 5.12.

Tabela 5.35. *Resumo das informações – Exemplo 5.17.*

	Símbolo	Valor
Velocidade dos confetes em A	v_A	0 m/s
Velocidade dos confetes em B	v_B	0 m/s
Altura do ponto A	h_A	0 m
Altura do ponto B	h_B	20 m
Compressão da mola em A	x_A	0,2 m
Compressão da mola em B	x_B	0

Vamos "comparar" as energias cinética, potencial gravitacional e elástica nos pontos A e B. Para isso, calculamos essas energias na Tabela 5.36.

Nessa tabela, usamos o valor de 0,01 kg para a massa m dos confetes. Foi dito, no enunciado, que a massa dos confetes é de 10 g, ou seja, 0,01 kg, pois 1.000 g equivalem a 1 kg.

Vamos chamar a constante elástica da mola de K.

Tabela 5.36. *Energia cinética, potencial gravitacional e elástica – Exemplo 5.17.*

	Símbolo	Fórmula e cálculo
Energia cinética em A	Ec_A	$Ec_A = \dfrac{m \cdot v_A^2}{2} = \dfrac{0,01 \cdot 0^2}{2} = 0$
Energia cinética em B	Ec_B	$Ec_B = \dfrac{m \cdot v_B^2}{2} = \dfrac{0,01 \cdot 0^2}{2} = 0$
Energia potencial gravitacional em A	Ep_A	$Ep_A = m \cdot g \cdot h_A = 0,01 \cdot 10 \cdot 0 = 0$
Energia potencial gravitacional em B	Ep_B	$Ep_B = m \cdot g \cdot h_B = 0,01 \cdot 10 \cdot 20 = 2\,J$
Energia elástica em A	Ee_A	$Ee_A = \dfrac{K \cdot x_A^2}{2} = \dfrac{K \cdot 0,2^2}{2} = 0,02\,K$
Energia elástica em B	Ee_B	$Ee_B = \dfrac{K \cdot x_B^2}{2} = \dfrac{K \cdot 0^2}{2} = 0$

A energia mecânica é a soma da energia cinética, da energia potencial gravitacional e da energia elástica, conforme mostrado na Tabela 5.37.

Tabela 5.37. *Energia mecânica – Exemplo 5.17.*

	Símbolo	Fórmula e cálculo
Energia mecânica em A	EM_A	$EM_A = Ec_A + Ep_A + Ee_A = 0 + 0 + 0,02K = 0,02K$
Energia mecânica em B	EM_B	$EM_B = Ec_B + Ep_B + Ee_B = 0 + 2 + 0 = 2\,J$

Ignorando os efeitos dissipativos, temos um sistema conservativo, ou seja, há conservação de energia mecânica. Isso quer dizer que as energias mecânicas em A e B são iguais.

Escrevendo que a energia mecânica em A é igual à energia mecânica em B, temos:

$$EM_A = EM_B \Rightarrow 0{,}02\,K = 2 \Rightarrow K = \frac{2}{0{,}02} \Rightarrow K = 100\ N/m$$

Concluímos que o valor da constante elástica da mola utilizada é de 100 N/m.

Alternativa correta: e.

Exemplo 5.18 (Fuvest 2003 – com adaptações). Uma criança estava no chão. Foi, então, levantada por sua mãe que a colocou em um escorregador a uma altura de 2,0 m em relação ao solo. Partindo do repouso, a criança deslizou e chegou novamente ao chão com velocidade igual a 4 m/s. Sendo W o trabalho realizado pela mãe ao suspender o filho e sendo a aceleração da gravidade g = 10 m/s², a energia dissipada por atrito, ao escorregar, é aproximadamente igual a

a) 0,1 W
b) 0,2 W
c) 0,6 W
d) 0,9 W
e) 1,0 W

Resolução.

Na Figura 5.13, estão ilustrados o escorregador, o ponto A no qual a criança é colocada, em repouso, no escorregador e o ponto B no qual a criança chega ao chão com velocidade de 4 m/s.

No enunciado, foi dito que o ponto A está a uma altura de 2 m do solo.

Figura 5.13. *Ilustração – Exemplo 5.18.*

Na Tabela 5.38, estão resumidas as informações do enunciado e da Figura 5.13, considerando o solo como o nível de referência.

Tabela 5.38. *Resumo das informações – Exemplo 5.18.*

	Símbolo	Valor
Velocidade da criança em A	v_A	0 m/s
Velocidade da criança em B	v_B	4 m/s
Altura do ponto A	h_A	2 m
Altura do ponto B	h_B	0 m

Vamos "comparar" as energias cinética e potencial gravitacional da criança nos pontos A e B. Para isso, calculamos essas energias na Tabela 5.39.

Como a massa da criança não foi fornecida, vamos chamá-la de m.

Tabela 5.39. *Energia cinética e energia potencial gravitacional – Exemplo 5.18.*

	Símbolo	Fórmula e cálculo
Energia cinética em A	Ec_A	$Ec_A = \dfrac{m \cdot v_A^2}{2} = \dfrac{m \cdot 0^2}{2} = 0$
Energia cinética em B	Ec_B	$Ec_B = \dfrac{m \cdot v_B^2}{2} = \dfrac{m \cdot 4^2}{2} = 8\,m$
Energia potencial gravitacional em A	Ep_A	$Ep_A = m \cdot g \cdot h_A = m \cdot 10 \cdot 2 = 20\,m$
Energia potencial gravitacional em B	Ep_B	$Ep_B = m \cdot g \cdot h_B = m \cdot 10 \cdot 0 = 0$

A energia mecânica da criança é a soma das suas energias cinética e potencial gravitacional, conforme mostrado na Tabela 5.40.

Tabela 5.40. *Energia mecânica – Exemplo 5.18.*

	Símbolo	Fórmula e cálculo
Energia mecânica em A	EM_A	$EM_A = Ec_A + Ep_A = 0 + 20\,m = 20\,m$
Energia mecânica em B	EM_B	$EM_B = Ec_B + Ep_B = 8\,m + 0 = 8\,m$

Foi dito que, em decorrência do atrito existente entre a criança e o escorregador, há dissipação de energia, indicada por Ed.

A energia dissipada Ed é a diferença entre a energia mecânica final (em B) e a energia mecânica inicial (em A). Ou seja, Ed vale – 12 m, pois

$$Ed = EM_B - EM_A = 8\,m - 20\,m = 12\,m.$$

O trabalho realizado pela mãe ao levantar a criança de massa m do chão (nível de referência) e colocá-la no escorregador (em B, a 2 m do nível de referência) foi chamado de W. No Capítulo 2, vimos que esse trabalho é o "negativo" do peso P da criança (P = m . g = m . 10) multiplicado pelo seu deslocamento desde o chão até o elevador (2 metros). Logo, podemos escrever o seguinte:

$$W = -m \cdot 10 \cdot 2 \Rightarrow W = -20\,m \Rightarrow \frac{W}{-20} = m \Rightarrow m = -\frac{W}{20}$$

Substituindo $m = -\frac{W}{20}$ em $Ed = -12m$, conseguimos expressar Ed em termos de W:

$$Ed = -12\,m = -12 \cdot \left(-\frac{W}{20}\right) = \frac{12\,W}{20} \Rightarrow Ed = 0{,}6\,W$$

Alternativa correta: c.

Capítulo 6
Teorema da Energia Cinética

6.1. Teorema da energia cinética - conceitos e fórmulas

O teorema da energia cinética afirma que o trabalho realizado pela resultante das forças que atuam em um corpo, desde o ponto A até o ponto B, é a variação da energia cinética do corpo desde A até B, ou seja, é a energia cinética do corpo em B subtraída da energia cinética do corpo em A, conforme mostrado no Esquema 6.1.

Esquema 6.1. *Teorema da energia cinética.*

Trabalho realizado pela **resultante** das forças que atuam em um corpo, desde o ponto A até o ponto B	=	Energia cinética do corpo em B	−	Energia cinética do corpo em A

Exemplo 6.1. Na Figura 6.1, temos um bloco com massa de 25 kg sendo solicitado apenas pelas forças horizontais e constantes F_1 e F_2. Considere que o bloco estava parado em A. Calcule a velocidade do bloco ao passar pelo ponto B.

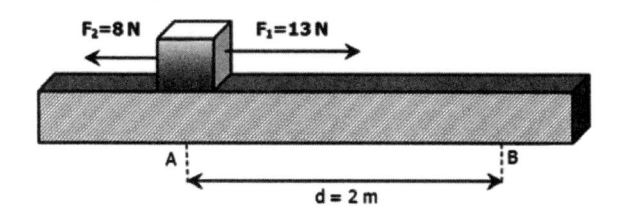

Figura 6.1. *Bloco solicitado por duas forças horizontais constantes.*

Resolução.

Para podermos utilizar o teorema da energia cinética, precisamos, primeiramente, determinar a resultante R das forças que atuam sobre o bloco. Essa resultante é horizontal, para a direita, e tem intensidade igual a 5 N, pois $R = F_1 - F_2 = 13 - 8 = 5$ N, conforme mostrado na Figura 6.2.

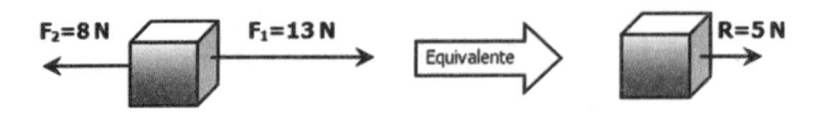

Figura 6.2. *Força resultante sobre o bloco.*

O trabalho W realizado pela força resultante R = 5 N, desde A até B, pode ser calculado pelo esquema abaixo.

Trabalho W realizado pela força resultante R	=	Intensidade da força resultante (R = 5 N)	x	Deslocamento do corpo desde A até B (d = 2 m)	x	Cosseno do ângulo formado pela força resultante R e o deslocamento (cosseno de 0° = 1)

Ou seja,

$$W = R \cdot d \cdot \cos\theta = 5 \cdot 2 \cdot \cos 0° = 5 \cdot 2 \cdot 1 = 10\, J$$

Sabemos que a velocidade do corpo em A é zero, pois foi dito que ele está parado em A. Como a energia cinética Ec de um corpo de massa m, que se movimenta com velocidade v, é a multiplicação da massa do corpo pela sua velocidade elevada ao quadrado, dividindo o resultado obtido por 2, se a velocidade for zero, Ec será zero. Logo, a energia cinética do bloco em A, indicada por Ec_A, é zero.

De acordo com o teorema da energia cinética, temos o esquema que segue.

Trabalho realizado pela **resultante** das forças que atuam em um corpo, desde o ponto A até o ponto B (W = 10 J)	=	Energia cinética do corpo em B (Ec_B)	–	Energia cinética do corpo em A ($Ec_A = 0$)

Do esquema anterior, verificamos que a energia cinética do bloco em B é $Ec_B = 10$ J, pois $W = 10 = Ec_B - 0$ e $Ec_B = 10$ J.

Sabendo que $Ec_B = 10$ J, podemos calcular a velocidade do bloco em B pelo esquema a seguir.

| Energia cinética do bloco em B ($Ec_B = 10$ J) | = | Massa do corpo (m = 25 kg) | x | Velocidade do corpo em B elevada ao quadrado(v_B^2) | ÷ | 2 |

Ou seja,

$$Ec_B = \frac{m \cdot v_B^2}{2} \Rightarrow 10 = \frac{25 \cdot v_B^2}{2} \Rightarrow 10 \cdot 2 = 25 \cdot v_B^2 \Rightarrow \frac{20}{25} = v_B^2 \Rightarrow 0{,}8 = v_B^2$$

$$v_B^2 = 0{,}8 \Rightarrow v_B = \sqrt{0{,}8} \Rightarrow v_B = 0{,}89 \; m/s$$

Exemplo 6.2 (Fatec 2005/2). Um automóvel, de massa $1{,}0 \cdot 10^3$ kg, que se move com velocidade de 72 km/h, é freado e desenvolve, então, um movimento uniformemente retardado, parando após percorrer 50 m. O módulo do trabalho realizado pela força de atrito entre os pneus e a pista durante o retardamento, em joules, foi de

a) $5{,}0 \cdot 10^4$
b) $2{,}0 \cdot 10^4$
c) $5{,}0 \cdot 10^5$
d) $2{,}0 \cdot 10^5$
e) $5{,}0 \cdot 10^6$

Resolução.

A força de atrito entre os pneus e a pista é a responsável pela frenagem do carro. Ou seja, ela é a força resultante que atua no carro durante essa frenagem. Vamos supor que o movimento do automóvel aconteça em um plano horizontal e vamos desprezar a resistência do ar.

Como se pede o módulo do trabalho W realizado pela força de atrito entre os pneus e a pista durante o retardamento, estamos considerando o trabalho realizado pela força resultante, o que permite a utilização do teorema da energia cinética.

Seja A o ponto no qual o carro inicia a frenagem. Nesse ponto, sua velocidade v_A vale 72 km/h ou 20 m/s, pois 1 km equivale a 1.000 metros e 1 hora equivale a 3.600 segundos. Essa mudança de unidade está mostrada a seguir.

$$v_A = 72\frac{km}{h} = 72 \cdot \frac{1000\ m}{3600\ s} = \frac{72000\ m}{3600\ s} = 20\ m/s$$

Sabemos a massa m do carro (m = 1,0.10³ kg) e sua velocidade v_A em A (v_A = 20 m/s). Logo, podemos calcular sua energia cinética Ec_A em A, conforme indicado no esquema a seguir.

| Energia cinética do carro em A (Ec_A) | = | Massa do carro (m = 1,0.10³ kg) | x | Velocidade do carro em A elevada ao quadrado ($v_A^2 = 20^2$) | ÷ | 2 |

Ou seja,

$$Ec_A = \frac{m \cdot v_A^2}{2} = \frac{1 \cdot 10^3 \cdot 20^2}{2} = \frac{10^3 \cdot 400}{2} = 10^3 \cdot 200 = 10^3 \cdot 2 \cdot 10^2 = 2 \cdot 10^{3+2} = 2 \cdot 10^5\ J$$

Seja B o ponto no qual o carro para, ou seja, a sua velocidade v_B em B vale zero (v_B = 0). Como a energia cinética de um corpo de massa, que se movimenta com velocidade v, é a multiplicação da massa do corpo pela sua velocidade elevada ao quadrado, dividindo o resultado obtido por 2, se a velocidade for zero, a energia cinética será zero. Logo, a energia cinética do carro em B, indicada por Ec_B, é zero.

De acordo com o teorema da energia cinética, temos o esquema que segue.

| Trabalho realizado pela **resultante** (força de atrito entre os pneus e a pista), desde o ponto A até o ponto B(W) | = | Energia cinética do carro em B ($Ec_B = 0$) | − | Energia cinética do carro em A ($Ec_A = 2.10^5$ J) |

Do esquema, verificamos que o trabalho W é de -2.10^5 J, pois W = $Ec_B - Ec_A$ = $0 - 2.10^5$.

Como se pede o módulo do trabalho, não usamos o sinal negativo. Assim, a resposta é 2.10^5 J.

Alternativa correta: d.

Exemplo 6.3 (Fuvest 2011 – com adaptações). No "salto com vara", um atleta corre segurando uma vara e, com perícia e treino, consegue projetar seu corpo por cima de uma barra. Para uma estimativa da altura alcançada nesses saltos, é possível considerar que a vara sirva apenas para converter o movimento horizontal do atleta (corrida) em movimento vertical, sem perdas ou acréscimos de energia. Na análise de um desses saltos, foi obtida a sequência de imagens reproduzida abaixo.

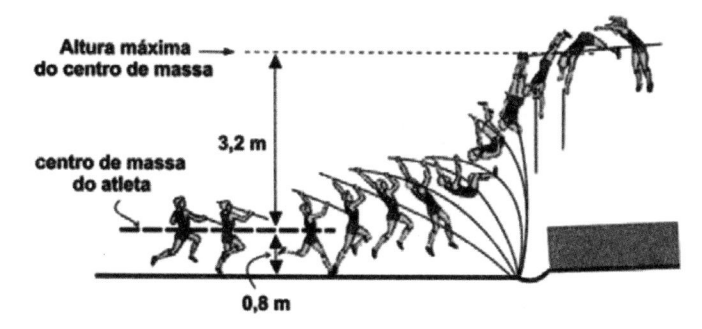

Neste caso, é possível estimar que a velocidade máxima atingida pelo atleta, antes do salto, foi de, aproximadamente,

a) 4 m/s
b) 6 m/s
c) 7 m/s
d) 8 m/s
e) 9 m/s

Resolução.

Na Figura 6.3, estão indicados o ponto A (local onde a velocidade do atleta é máxima, antes do salto) e o ponto B (local onde a velocidade do atleta é zero).

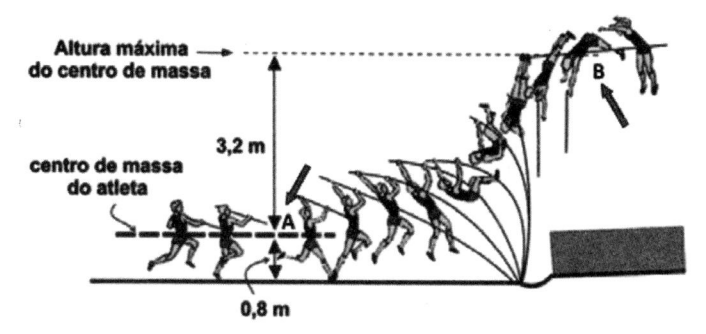

Figura 6.3. *Pontos A e B da trajetória do atleta.*

Na Tabela 6.1, estão resumidos valores e cálculos da velocidade e da energia cinética do atleta nos pontos A e B. Como não foi fornecida a massa do atleta, vamos chamá-la de m.

Tabela 6.1. *Resumo das informações – Exemplo 6.3.*

	Símbolo	Valor, fórmula e cálculo
Velocidade do atleta em A	v_A	vamos calcular
Velocidade do atleta em B	v_B	0
Energia cinética do atleta em A	Ec_A	$Ec_A = \dfrac{m \cdot v_A^2}{2}$
Energia cinética do atleta em B	Ec_B	$Ec_B = \dfrac{m \cdot v_A^2}{2} = \dfrac{m \cdot 0^2}{2} = \dfrac{m \cdot 0}{2} = 0$

A única força que atua sobre o atleta é o seu peso, logo o peso P do atleta é a força resultante que age sobre ele. Essa força é responsável pelo deslocamento do atleta desde o ponto A (de altura h_A igual a zero) até o ponto B (de altura h_B igual a 3,2 m). Esse deslocamento vertical é de 3,2 m, pois é calculado como $h_B - h_A = 3,2 - 0 = 3,2$ m.

Vimos que o trabalho W realizado pela força peso P no deslocamento vertical para cima de um corpo desde A até B pode ser escrito apenas como a multiplicação do peso (P) pelo deslocamento vertical (d) e por menos 1, conforme mostrado no esquema a seguir.

Trabalho realizado pela força peso no deslocamento vertical para cima (W)	=	Valor da força peso (P)	x	Deslocamento vertical (3,2 m)	x	– 1

O trabalho realizado pela força resultante que atua sobre o atleta desde A até B é o trabalho realizado pela força peso P desde A até B, dado por W = P.3,2.(– 1) ou W = – 3,2 . P.

O peso P do atleta pode ser escrito como a multiplicação da sua massa m pela aceleração da gravidade local, considerada igual a 10 m/s² (ou seja, g = 10 m/s²). Logo, P = m . g = m .10 = 10 m.

Assim, o trabalho realizado pela força resultante que atua sobre o atleta desde A até B é W = – 3,2 . P = – 3,2 . 10 . m = – 32 m.

De acordo com o teorema da energia cinética, temos o esquema que segue.

Trabalho realizado pela **resultante** das forças que atuam em um corpo, desde o ponto A até o ponto B (W = – 32m)	=	Energia cinética do corpo em B ($Ec_B = 0$)	–	Energia cinética do carro em A $\left(Ec_A = \dfrac{m \cdot v_A^2}{2} \right)$

Do esquema anterior, temos o seguinte:

$$W = -32\,m = Ec_B - Ec_A \Rightarrow -32\,m = 0 - \frac{m \cdot v_A^2}{2} \Rightarrow 32\,m = \frac{m \cdot v_A^2}{2}$$

Como nos dois lados da equação acima temos a massa m como fator de multiplicação, podemos "cancelar m". Assim, ficamos com:

$$32 = \frac{v_A^2}{2} \Rightarrow 32 \cdot 2 = v_A^2 \Rightarrow 64 = v_A^2 \Rightarrow \sqrt{64} = v_A \Rightarrow v_A = 8\,m/s$$

Alternativa correta: d.

Exemplo 6.4 (PUCSP 2008). O automóvel da figura tem massa de $1,2 \cdot 10^3$ kg e, no ponto A, desenvolve velocidade de 10 m/s.

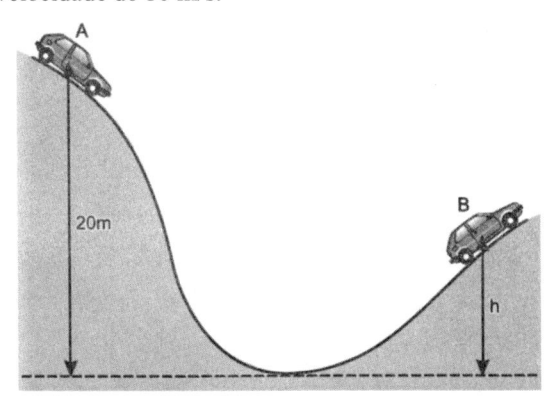

Estando com o motor desligado, descreve a trajetória mostrada, atingindo uma altura máxima h, chegando ao ponto B com velocidade nula. Considerando a aceleração da gravidade local como g = 10 m/s² e sabendo que, no trajeto AB, as forças não conservativas realizam um trabalho de módulo 1,56.10⁵ J, concluímos que a altura h é de

a) 12 m
b) 14 m
c) 16 m
d) 18 m
e) 20 m

Resolução.

Sabemos a massa m do automóvel (m = 1,2.10³ kg) e sua velocidade v_A em A (v_A = 10 m/s). Logo, podemos calcular a energia cinética Ec_A do carro em A, conforme indicado no esquema a seguir.

| Energia cinética do carro em A (Ec_A) | = | Massa do carro (m = 1,2.10³ kg) | x | Velocidade do carro em A elevada ao quadrado ($v_A^2 = 10^2$) | ÷ | 2 |

Ou seja,

$$Ec_A = \frac{m \cdot v_A^2}{2} = \frac{1,2 \cdot 10^3 \cdot 10^2}{2} = 0,6 \cdot 10^{3+2} = 0,6 \cdot 10^5 \, J$$

Informou-se que a velocidade v_B do automóvel em B vale zero ($v_B = 0$). Como a energia cinética de um corpo de massa, que se movimenta com velocidade v, é a multiplicação da massa do corpo pela sua velocidade elevada ao quadrado, dividindo o resultado obtido por 2, se a velocidade for zero, a energia cinética será zero. Logo, a energia cinética do carro em B, indicada por Ec_B, é zero.

De acordo com o teorema da energia cinética, temos o esquema que segue.

| Trabalho realizado pela **resultante** das forças que atuam no carro desde o ponto A até o ponto B (W) | = | Energia cinética do carro em B ($Ec_B = 0$) | − | Energia cinética do carro em A ($Ec_A = 0,6.10^5$ J) |

Do esquema, verificamos que o trabalho W realizado pela resultante das forças que atuam no automóvel é de − 0,6 . 10⁵ J, pois W = Ec_B − Ec_A = 0 − 0,6 . 10⁵.

Foi dito que, no trajeto de A até B, o módulo do trabalho realizado pelas forças não conservativas (forças de resistência) é igual a $1{,}56 \cdot 10^5$ J. Ou seja, o trabalho W_R realizado pelas forças de resistência vale $-1{,}56 \cdot 10^5$ J.

Além do trabalho W_R das forças de resistência, somente temos o trabalho W_P realizado pelo peso P do automóvel desde A até B. Ou seja, temos o seguinte balanço de trabalhos:

Trabalho realizado pela **resultante** das forças que atuam no carro de A até B ($W = -0{,}6 \cdot 10^5$ J)	=	Trabalho realizado pelo **peso** do carro desde A até B (W_P)	+	Trabalho realizado pelas **forças de resistência** desde A até B ($W_R = -1{,}56 \cdot 10^5$ J)

Ou seja,

$$W = W_P + W_R \Rightarrow -0{,}6 \cdot 10^5 = W_P + (-1{,}56 \cdot 10^5) \Rightarrow -0{,}6 \cdot 10^5 + 1{,}56 \cdot 10^5 = W_P$$

Logo,

$$W_P = -0{,}6 \cdot 10^5 + 1{,}56 \cdot 10^5 = (-0{,}6 + 1{,}56) \cdot 10^5 \Rightarrow W_P = 0{,}96 \cdot 10^5 \, J$$

O peso P do carro é dado pelo produto (multiplicação) entre sua massa m e a aceleração da gravidade g. No caso, como $m = 1{,}2 \cdot 10^3$ kg e $g = 10$ m/s², P vale $1{,}2 \cdot 10^4$ N, pois $P = m \cdot g = 1{,}2 \cdot 10^3 \cdot 10 = 1{,}2 \cdot 10^3 \cdot 10^1 = 1{,}2 \cdot 10^{3+1} = 1{,}2 \cdot 10^4$.

No Capítulo 2, vimos que o trabalho W_P realizado pelo peso durante o deslocamento vertical do carro para baixo, desde A até B, é calculado pelo produto (multiplicação) entre o peso P do carro e o seu deslocamento vertical d.

Sabemos que $P = 1{,}2 \cdot 10^4$ N.

Se observarmos a figura do enunciado, veremos que o deslocamento d é a diferença (subtração) entre a altura do carro em A (20 m) e a altura do carro em B (h). Logo, d é igual a $20 - h$.

Assim, podemos usar o esquema abaixo, adaptado do Esquema 2.3, para calcularmos a altura h.

Trabalho realizado pela força peso no deslocamento vertical para baixo ($W_P = 0{,}96 \cdot 10^5$ J)	=	Valor da força peso ($P = 1{,}2 \cdot 10^4$ N)	x	Deslocamento vertical ($d = 20 - h$)

Ou seja,

$$W_P = P \cdot d \Rightarrow \frac{0{,}96.10^5}{1{,}2.10^4} = 1{,}2.10^4 (20-h) \Rightarrow 0{,}96.10^5 = 20 - h \Rightarrow 0{,}8.10^{5-4} = 20 - h$$

$$0{,}8.10^1 = 20 - h \Rightarrow 8 + h = 20 \Rightarrow h = 20 - 8 \Rightarrow h = 12\,m$$

Alternativa correta: a.

Exemplo 6.5 (Vunesp 2004). O gráfico da figura representa a velocidade em função do tempo de um veículo com massa de $1{,}2.10^3$ kg, ao se afastar de uma zona urbana.

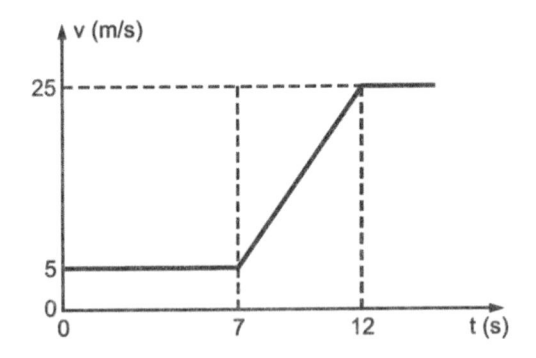

a) Determine a variação da energia cinética do veículo no intervalo de 0 a 12 segundos.
b) Determine o trabalho da força resultante atuando no veículo em cada um dos seguintes intervalos: de 0 a 7 segundos e de 7 a 12 segundos.

Resolução.

Item a.

Do gráfico do enunciado, lemos que a velocidade do veículo no instante zero é de 5 m/s. Vamos chamar essa velocidade de v_A.

Sabemos a massa m do carro (m = $1{,}2 \cdot 10^3$ kg) e sua velocidade v_A no instante zero ($v_A = 5$ m/s). Logo, podemos calcular sua energia cinética Ec_A do carro no instante zero, conforme indicado no esquema a seguir.

| Energia cinética do carro em A (Ec_A) | = | Massa do carro ($m = 1{,}2.10^3$ kg) | x | Velocidade do carro em A elevada ao quadrado ($v_A^2 = 5^2$) | ÷ | 2 |

Ou seja,

$$Ec_A = \frac{m \cdot v_A^2}{2} = \frac{1{,}2.10^3 \cdot 5^2}{2} = \frac{1{,}2.10^3 \cdot 25}{2} = 15.10^3 \; J$$

Do gráfico do enunciado, lemos que a velocidade do veículo no instante 12 s é de 25 m/s. Vamos chamar essa velocidade de v_B.

Sabemos a massa m do carro (m = 1,2 . 10^3 kg) e sua velocidade v_B no instante 12 s (v_B = 25 m/s). Logo, podemos calcular a energia cinética Ec_B do carro no instante 12 s, conforme indicado no esquema a seguir.

| Energia cinética do carro em A (Ec_B) | = | Massa do carro ($m = 1{,}2.10^3$ kg) | x | Velocidade do carro em A elevada ao quadrado ($v_B^2 = 25^2$) | ÷ | 2 |

Ou seja,

$$Ec_B = \frac{m \cdot v_B^2}{2} = \frac{1{,}2.10^3 \cdot 25^2}{2} = \frac{1{,}2.10^3 \cdot 625}{2} = 375.10^3 \; J$$

A variação da energia cinética do veículo no intervalo de 0 a 12 s, indicada por ΔEc, é $3{,}6.10^5$ J, pois $\Delta Ec = Ec_B - Ec_A = 375.10^3 - 15.10^3 = 360.10^3 = 3{,}6.10^2 . 10^3 = 3{,}6.10^5$ J.

Item b.

b.1. Trabalho da força resultante que atua no veículo no intervalo de 0 a 7 s.

Do gráfico do enunciado, observamos que no intervalo de 0 a 7 s a velocidade do veículo não varia (é sempre 5 m/s). Logo, não há variação na energia cinética do carro no intervalo de 0 a 7 s.

Isso porque a energia cinética de um corpo de massa m, que se movimenta com velocidade v, é calculada da seguinte maneira: multiplica-se a massa do corpo pela sua velocidade elevada ao quadrado e divide-se o resultado obtido por 2.

Pelo teorema da energia cinética, se não há variação na energia cinética, então o trabalho da força resultante é zero.

b.2. Trabalho da força resultante que atua no veículo no intervalo de 7 s a 12 s.

Como as velocidades do móvel nos instantes 0 e 7 s são iguais, suas energias cinéticas nos instantes 0 e 7 s também são iguais.

Logo, do item **a**, concluímos que a energia cinética do automóvel no instante 7 s é $Ec_A = 15.10^3$ J.

No item **a**, também já calculamos a energia cinética do automóvel no instante 12 s, ela é $Ec_B = 360.10^3$ J.

Assim, a variação da energia cinética do veículo no intervalo de 7 s a 12 s, indicada por ΔEc, é $3,6.10^5$ J, pois $\Delta Ec = Ec_B - Ec_A = 375.10^3 - 15.10^3 = 360.10^3 = 3,6.10^2.10^3 = 3,6.10^5$ J.

Pelo teorema da energia cinética, essa variação de energia cinética é o trabalho realizado pela força resultante que age sobre o carro.

Exemplo 6.6 (Vunesp 2004). A figura representa um projétil logo após ter atravessado uma prancha de madeira, na direção x perpendicular à prancha.

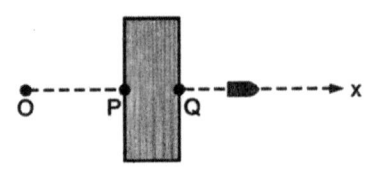

Supondo que a prancha exerça uma força constante de resistência ao movimento do projétil, o gráfico que melhor representa a energia cinética do projétil, em função de x, é

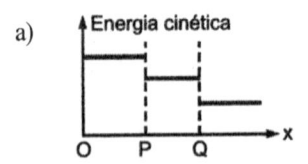

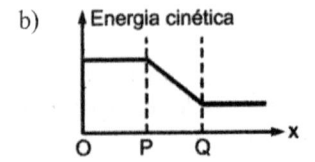

a)

b)

c) ▲Energia cinética

```
    |‾‾‾|_
    |   | \___
    |   |   |
    O   P   Q ──► x
```

d) ▲Energia cinética

```
    |‾‾|
    |  |\___
    |  |   |
    O  P   Q ──► x
```

e) ▲Energia cinética

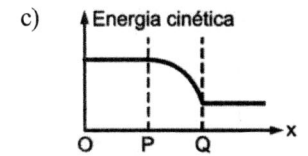

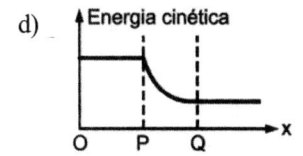

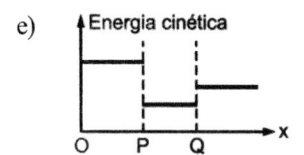

```
    |‾‾|
    |  |   ___
    |  |___|
    O  P   Q ──► x
```

Resolução.

Durante o movimento do projétil no interior da prancha de madeira, de P até Q, a única força que age sobre ele é a chamada força de resistência da prancha. Logo, podemos aplicar o teorema da energia cinética para calcularmos o trabalho W_R realizado por essa força de resistência desde P até um ponto X qualquer localizado dentro da prancha, conforme indicado no esquema abaixo.

| Trabalho realizado pela **resultante** (força de resistência) que atua no projétil, desde o ponto P até um ponto X qualquer localizado dentro da prancha (W_R) | = | Energia cinética do projétil em X (Ec_X) | − | Energia cinética do projétil em P(Ec_P) |

Ou seja,

$$W_R = Ec_X - Ec_P$$

Foi dito que a força de resistência exercida pela prancha no projétil é constante, vamos chamar sua intensidade de F.

Essa força tem a mesma direção do deslocamento do projétil, mas sentido oposto a esse deslocamento. Ou seja, o ângulo formado entre a força e o deslocamento é de 180°.

Adaptando o Esquema 1.1 do Capítulo 1, temos o que segue.

Trabalho realizado pela força de resistência (F) que atua sobre o projétil durante seu movimento no interior da prancha de madeira ($W_R = Ec_X - Ec_P$)	=	Intensidade da força que atua sobre o projétil (F)	x	Deslocamento sofrido pelo projétil (x)	x	Cosseno do ângulo formado pela força e pelo deslocamento ($\cos 180° = -1$)

Ou seja,

$$W_R = Ec_X - Ec_P = F.x.(-1) \Rightarrow Ec_X - Ec_P = -F.x \Rightarrow Ec_X = Ec_P - F.x$$

Como Ec_Q e F são constantes, pela fórmula acima verificamos que, de P até Q (dentro da prancha), a energia cinética do projétil diminui linearmente com a distância x (varia com a distância x segundo uma função do primeiro grau com coeficiente angular negativo).

Logo, de P até Q, o gráfico da energia cinética em função da distância é uma reta inclinada para a esquerda.

Alternativa correta: b.

Exemplo 6.7 (ITA 2007). Equipado com um dispositivo a jato, o homem-foguete da figura cai livremente do alto de um edifício até uma altura h, onde o dispositivo a jato é acionado. Considere que o dispositivo forneça uma força vertical para cima de intensidade constante F. Determine a altura h para que o homem pouse no solo com velocidade nula. Expresse sua resposta como uma função da altura H, da força F, da massa m do sistema homem-foguete e da aceleração da gravidade g, desprezando a resistência do ar e a alteração da massa m no acionamento do dispositivo.

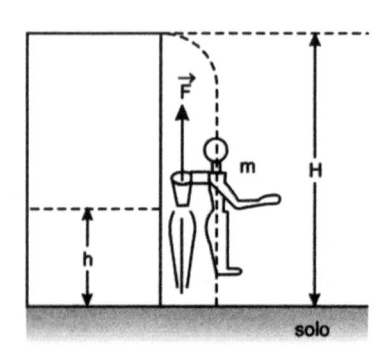

Resolução.

Tanto no início como no final do movimento, a velocidade do homem é zero, pois, conforme dito no enunciado, estamos considerando que o homem pousa no solo com velocidade nula.

Visto que a energia cinética do homem é calculada como a metade da multiplicação entre a sua massa e a sua velocidade ao quadrado, se a velocidade é zero, a energia cinética também é zero. Ou seja, no início e no final do movimento as energias cinéticas são iguais e valem zero.

Como não há variação de energia cinética entre o início e o final do movimento, pelo teorema da energia cinética concluímos que o trabalho resultante das forças que atuam no homem é zero.

Há duas forças agindo sobre o homem: o seu próprio peso P e a força F indicada na figura do enunciado.

Veja que o peso P sempre é uma força vertical e para baixo. Conforme a imagem dada, a força F é vertical e para cima.

Vamos chamar de W_P o trabalho que o peso realiza sobre o homem no seu deslocamento H e de W_F o trabalho que a força F realiza sobre o homem no seu deslocamento h.

O trabalho W_P que o peso P (vertical e para baixo) realiza sobre o homem no seu deslocamento H para baixo é calculado pela multiplicação de P por H, ou seja, $W_P = P \cdot H$.

O trabalho W_F que a força F (vertical e para cima) realiza sobre o homem no seu deslocamento h para baixo é calculado com "o negativo" da multiplicação de F por h, ou seja, $W_F = - F \cdot h$.

O trabalho resultante sobre o homem é a soma de W_P e W_F. Vimos que esse trabalho é zero, ou seja, $W_P + W_F = 0$. Disso resulta que

$$W_P + W_F = 0 \Rightarrow P \cdot H + (-F \cdot h) = 0 \Rightarrow P \cdot H = F \cdot h \Rightarrow \frac{P \cdot H}{F} = h \Rightarrow h = \frac{P \cdot H}{F}$$

Como o peso P é a multiplicação da massa m do homem pela aceleração da gravidade g, ou seja, P = m . g, podemos "melhorar" a expressão que nos fornece a altura h:

$$h = \frac{m \cdot g \cdot H}{F}$$

Capítulo 7
Potência

7.1. Potência - conceitos e fórmulas

A potência P de uma força que realiza trabalho W constante sobre um corpo durante o intervalo de tempo Δt (lido como "delta tê") é calculada pelo quociente (divisão) entre o trabalho e o intervalo de tempo, conforme indicado no Esquema 7.1.

Esquema 7.1. *Cálculo da potência.*

Potência de uma força que realiza trabalho constante sobre um corpo durante dado intervalo de tempo	=	Trabalho realizado pela força	÷	Intervalo de tempo

A Tabela 7.1 mostra como podemos representar o Esquema 7.1 por símbolos e fórmula.

Tabela 7.1. *Símbolos e fórmula - potência.*

	Símbolo	Unidade	Como lemos a unidade
Potência	P	W=J/s	Watt
Trabalho constante realizado pela força constante que atua sobre um corpo	W	J	Joule
Intervalo de tempo no qual a força atua sobre o corpo	Δt	s	Segundos
Fórmula para o cálculo da potência de uma força que realiza trabalho constante sobre um corpo durante dado intervalo de tempo	$P = \dfrac{W}{\Delta t}$		

Podemos pensar na potência como a "rapidez" com que se realiza o trabalho, ou seja, como a "rapidez" com a qual se transfere energia, pois o trabalho está associado à energia transferida de um corpo para outro, causando o deslocamento deste último.

Muitas vezes, temos múltiplos da unidade potência, o W ("watt"). Os principais são o KW ("quilo watt"), que vale 1.000 W ou 10^3 W, e o MW ("mega watt"), que vale 1.000.000 W ou 10^6 W.

Exemplo 7.1 (UFP – RS 2004 – com adaptações). Ao lado de um prédio em construção, um aluno observa que o elevador dessa obra faz subir uma carga de 1200 N a uma altura de 20 m, em 12 segundos. Sabe-se que a velocidade do elevador é constante durante todo o trajeto. Logo, concluímos que a potência média útil realizada por esse elevador, em watts, é de

a) 1000
b) 1500
c) 2000
d) 3000
e) 5000

Resolução.

Na Figura 7.1, está ilustrada a situação proposta no enunciado.

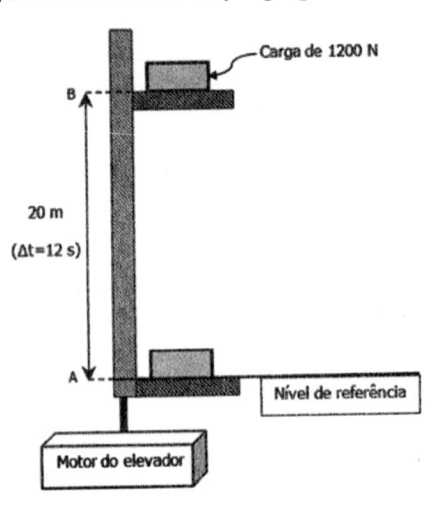

Figura 7.1. *Ilustração – Exemplo 7.1.*

O trabalho W realizado pelo elevador é numericamente igual ao peso P da carga (P = 1200 N) multiplicado pelo seu deslocamento vertical h (h = 20 m).

Ou seja,

$$W = P \cdot h = 1200 \cdot 20 = 24000 \; J.$$

Esse trabalho foi realizado por uma força constante, durante o intervalo de tempo Δt de 12 segundos. Logo, podemos adaptar o Esquema 7.1 para calcularmos a potência P realizada pelo elevador, conforme indicado abaixo.

Potência realizada pelo elevador (P)	=	Trabalho realizado (W = 24000 J)	÷	Intervalo de tempo (Δt= 12 s)

Logo,

$$P = \frac{W}{\Delta t} = \frac{2400}{12} = 2000 \; W$$

Alternativa correta: c.

Exemplo 7.2 (Unicamp 2009). A tração animal pode ter sido a primeira fonte externa de energia usada pelo homem e representa um aspecto marcante da sua relação com os animais.

a) O gráfico abaixo mostra a força de tração exercida por um cavalo como função do deslocamento de uma carroça. O trabalho realizado pela força é dado pela área sob a curva F×d. Calcule o trabalho realizado pela força de tração do cavalo na região em que ela é constante.

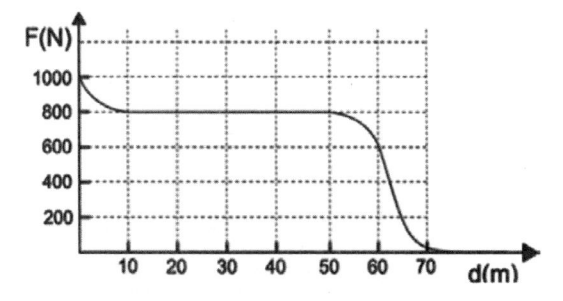

b) No sistema internacional, a unidade de potência é o watt (W) = 1 J/s. O uso de tração animal era tão difundido no passado que James Watt, aprimorador da máquina a vapor, definiu uma unidade de potência tomando os cavalos como referência. O cavalo-vapor (cv), definido a partir da ideia de Watt, vale aproximadamente 740 W. Suponha que um cavalo, transportando uma pessoa ao longo do dia, realize um trabalho total de 444000 J. Sabendo que o motor de uma moto, operando na potência máxima, executa esse mesmo trabalho em 40 s, calcule a potência máxima do motor da moto em cv.

Resolução.

Item a.

Pede-se o trabalho realizado pela força de tração do cavalo na região em que ela é constante e o próprio enunciado nos diz que o trabalho realizado pela força é dado pela área sob a curva F×d.

Assim, na Figura 7.1, está colorida na cor cinza a área do retângulo que é numericamente igual ao trabalho W realizado pela força na região em que ela é constante, ou seja, da posição 10 m até a posição 50 m.

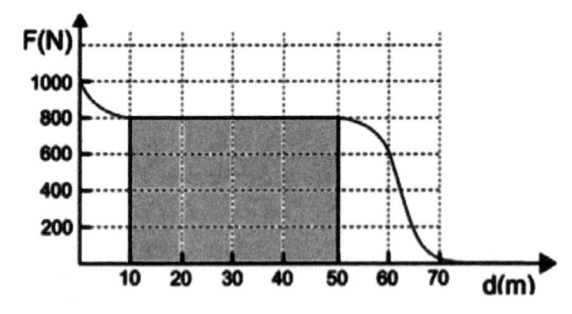

Figura 7.2. *Trabalho realizado pela força de tração na região em que ela é constante.*

Na Figura 7.3, estão destacadas as dimensões (base e altura) do retângulo da Figura 7.1.

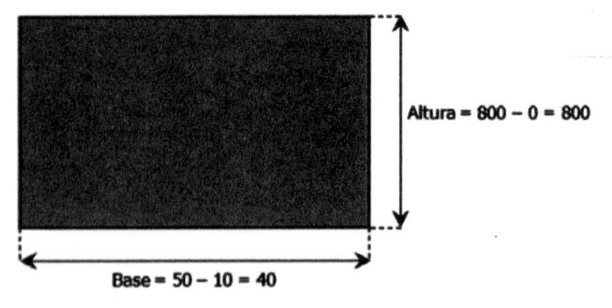

Figura 7.3. *Dimensões do retângulo da Figura 7.1.*

Como a área de um retângulo é o valor da sua base multiplicado pelo valor da sua altura, temos:

$W = \text{Área (retângulo)} = \text{base . altura} = 40 . 800 = 32000\ J = 32 . 10^3\ J = 32\ KJ$

Item b.

Foi dito que uma moto, operando em potência máxima e transportando uma pessoa, realiza um trabalho de 444000 J em 40 s. Logo, a potência máxima da moto pode ser calculada pelo esquema a seguir.

Potência máxima realizada pela moto (P)	=	Trabalho realizado (W = 444000 J)	÷	Intervalo de tempo (Δt= 40 s)

Ou seja,

$$P = \frac{W}{\Delta t} = \frac{44400}{40} = 111000\ W$$

Foi informado que 1 cv (um cavalo-vapor) equivale a 740 W. Para calcularmos a potência X em cv equivalente a 11100 W, podemos fazer a regra de três a seguir:

1 CV ——— 740 W
X ——— 11100W

Fazendo o produto "em cruz", ficamos com o seguinte:

$740 . X = 1 . 111000 \Rightarrow X = \frac{111000}{740} = 15\ cv$

Concluímos que a potência máxima do motor da moto é de 15 cv.

Exemplo 7.3 (Unifesp 2006). Após algumas informações sobre o carro, saímos em direção ao trecho off-road. Na primeira acelerada, já deu para perceber a força do modelo. De acordo com os números do fabricante, são 299 cavalos de potência [...] e os 100 km/h iniciais são conquistados em satisfatórios 7,5 segundos, graças à boa relação peso-potência, já que o carro vem com vários componentes de alumínio. *(http://carsale.uol.com.br/opapoecarro/testes/aval_050404discovery.shtml#5)*

O texto descreve um teste de avaliação de um veículo importado, lançado neste ano no mercado brasileiro. Sabendo que a massa desse carro é de 2400 kg e admitindo 1 cv = 740 W e 100 km/h = 28 m/s, pode-se afirmar que, para atingir os 100 km/h iniciais, a potência útil média desenvolvida durante o teste, em relação à potência total do carro, foi, aproximadamente, de

Sugestão: efetue os cálculos utilizando apenas dois algarismos significativos.

a) 90%
b) 75%
c) 60%
d) 45%
e) 30%

Resolução.

Sabemos a massa m do automóvel (m = 2.400 kg) e que ele parte do repouso, ou seja, a sua velocidade inicial v_i é zero. Logo, podemos calcular a energia cinética inicial Ec_i do carro, conforme indicado no esquema a seguir.

| Energia cinética inicial do carro (Ec_i) | = | Massa do carro (m = 2.400 kg) | x | Velocidade inicial do carro elevada ao quadrado ($v_i^2 = 0^2$) | ÷ | 2 |

Ou seja,

$$Ec_i = \frac{m \cdot v_i^2}{2} = \frac{2400 \cdot 0^2}{2} = 0\,J$$

Informou-se, no texto introdutório, que o carro atinge a velocidade de 100 km/h no intervalo de tempo Δt de 7,5 s. Ou seja, a velocidade final v_f do automóvel é de 100 km/h, ou, 27,8 m/s, pois 1 km equivale a 1.000 m e 1 hora equivale a 3.600 s, conforme indicado abaixo.

$$100\,\frac{km}{h} = \frac{100 \cdot 1000\,m}{3600\,s} = \frac{100 \cdot 1000}{3600}\,m/s = 27,8\,m/s$$

Logo, podemos calcular a energia cinética final Ec_f do carro, conforme indicado no esquema a seguir.

| Energia cinética final do carro (Ec_f) | = | Massa do carro (m = 2.400 kg) | x | Velocidade final do carro elevada ao quadrado ($v_i^2 = 27,8^2$) | ÷ | 2 |

Ou seja,

$$Ec_j = \frac{m \cdot v_j^2}{2} = \frac{2400 \cdot 27,8^2}{2} = 927408\, J$$

De acordo com o teorema da energia cinética, temos o esquema que segue.

| Trabalho realizado pela **resultante** das forças que atuam no carro (W) | = | Energia cinética final do carro (Ec_f = 927408 J) | − | Energia cinética inicial do carro (Ec_i = 0 J) |

Do esquema, verificamos que o trabalho W realizado pela resultante das forças que atuam no automóvel é de 927408 J, pois W = Ec_f − Ec_i = 927408 − 0 = 927408.

Podemos adaptar o Esquema 7.1 para calcularmos a potência útil Pu média desenvolvida no intervalo de tempo Δt de 7,5 s, conforme indicado abaixo.

| Potência média útil (Pu) | = | Trabalho realizado (W = 927408 J) | − | Intervalo de tempo (Δt = 7,5 s) |

Ou seja,

$$P_u = \frac{W}{\Delta t} = \frac{927408}{7,5} = 123654\, W$$

No texto introdutório, é dito que a potência total Pt é de 299 cv. Precisamos transformar essa unidade de potência de cv (cavalo-vapor) em W (watt).

No Exemplo 7.2, vimos que 1 cv equivale a 740 W. Para calcularmos a potência total Pt em W equivalente a 299 cv, podemos fazer a regra de três abaixo:

1 cv ——— 740 W
299 cv ——— Pt

Fazendo o produto "em cruz", ficamos com o seguinte:

$$1 . Pt = 740 . 299 \Rightarrow Pt = 221260 \ W$$

Pede-se para que se calcule, em termos percentuais, a potência útil média desenvolvida durante o teste, em relação à potência total do carro. Ou seja, precisamos dividir a potência útil (Pu = 123654 W) pela potência total (Pt = 221260 W) e multiplicar esse resultado por 100 (para obtermos a resposta em percentuais). Ou seja,

$$\frac{Pu}{Pt} . 100\% = \frac{123654}{221260} . 100\% = 56\%$$

Essa divisão entre a potência útil e a potência total geralmente é denominada rendimento do motor e é indicada por n.

Das alternativas, a que mais se aproxima de 56% é a **c**, que aponta 60%.

Alternativa correta: c.

Exemplo 7.4 (Enem 2000 – com adaptações). O esquema a seguir mostra, em termos de potência (energia/tempo), aproximadamente, o fluxo de energia, a partir de certa quantidade de combustível vinda do tanque de gasolina, em um carro viajando com velocidade constante.

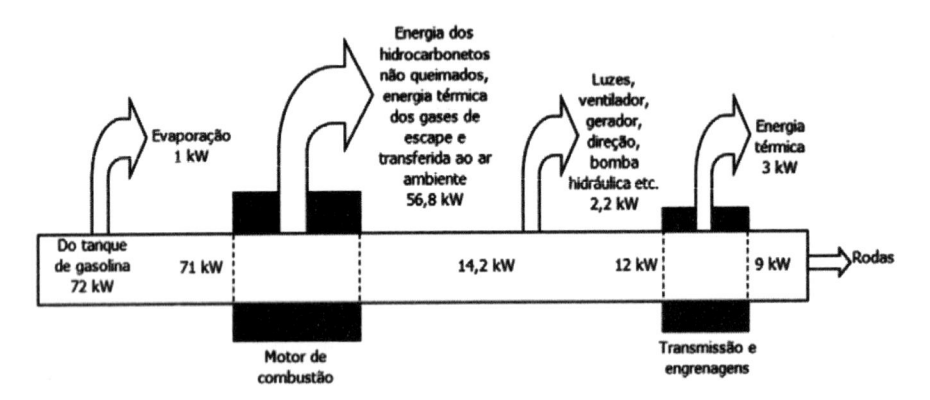

O esquema mostra que, na queima da gasolina, no motor de combustão, uma parte considerável de sua energia é dissipada. Essa perda é da ordem de

a) 80%   b) 70%   c) 50%   d) 30%   e) 20%

Resolução.

A figura do enunciado mostra que o motor de combustão recebe a potência de 71 kW (72 kW do tanque de gasolina menos 1 kW perdido por evaporação). Esse valor está destacado na Figura 7.4.

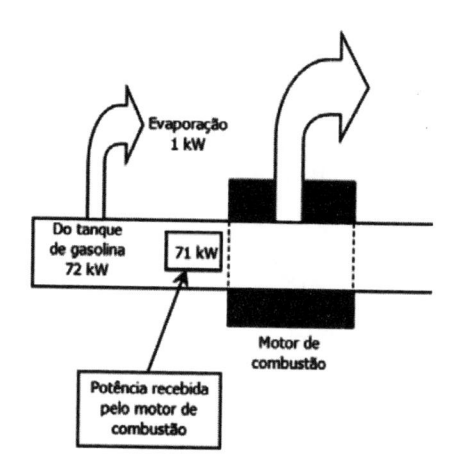

Figura 7.4. *Potência recebida pelo motor de combustão.*

A imagem mostra que a potência dissipada ("perdida") para o ambiente é igual a 56,8 kW. Esse valor está destacado na Figura 7.5.

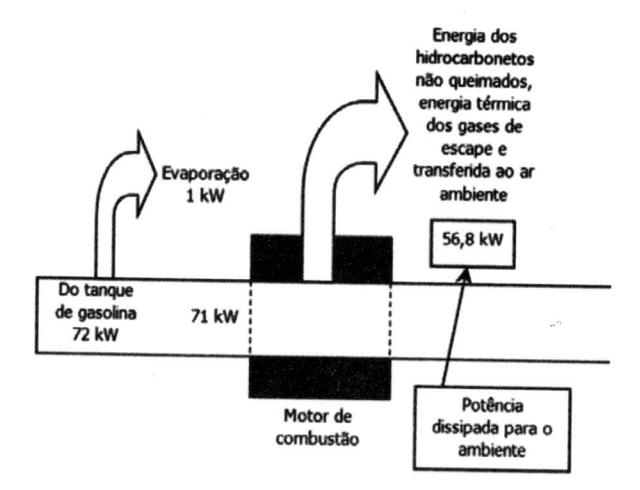

Figura 7.5. *Potência dissipada para o ambiente.*

Para calcularmos a perda percentual no trecho em estudo, devemos dividir a potência dissipada para o ambiente pela potência recebida pelo motor e multiplicar esse resultado por 100, conforme mostrado no esquema abaixo.

| Perda percentual no trecho em estudo | = | Potência dissipada para o ambiente (56,8 kW) | ÷ | Potência recebida pelo motor (71 kW) | x | 100 |

Logo, a perda percentual de potência no trecho em estudo é de 80%, pois 56,8 dividido por 71 é 0,8, ou seja, 0,8 . 100% = 80%.

Alternativa correta: a.

Exemplo 7.5 (Fuvest – com adaptações). Uma empilhadeira elétrica transporta, com velocidade constante, do chão até uma prateleira, a uma altura de 6,0 m do chão, um pacote de 120 kg. O gráfico ilustra a altura do pacote em função do tempo. A potência aplicada no corpo pela empilhadeira é de

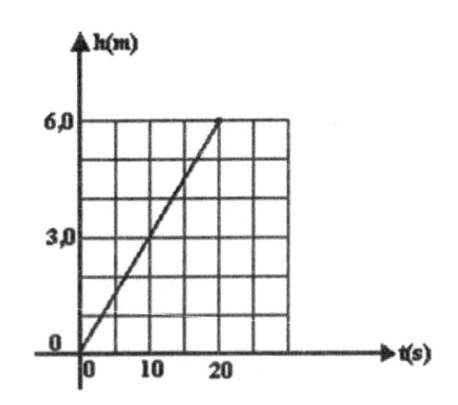

Dado: $g = 10 m/s^2$

a) 120 W
b) 360 W
c) 720 W
d) 1,20 kW
e) 2,40 kW

Resolução.

Pelo gráfico do enunciado, vemos que o intervalo de tempo Δt, necessário para elevar o pacote de massa m de 120 kg da altura h de 6 m, é de 20 s.

Considerando a aceleração da gravidade g igual a 10 m/s², o peso P desses 120 kg é 1200 N, pois o peso é calculado como P = m . g = 120 . 10 = 1200 N.

O trabalho realizado W pela força peso P = 1200 N na elevação h = 6 m do pacote é igual a – 7200 J, pois no caso de haver deslocamento "para cima", W = – P . H = – 1200.6 = – 7200 J.

Logo, o trabalho que a empilhadeira deve realizar é de 7200 J.

Para calcularmos a potência P, a potência aplicada no corpo pela empilhadeira, devemos dividir o trabalho de 7200 J pelo intervalo de tempo Δt de 20 s. Ou seja,

$$P = \frac{Trabalho}{Intervalo\ de\ tempo} = \frac{7200}{20} = 360\ W$$

Alternativa correta: b.

Exemplo 7.6 (Unifesp 2006). Em um terminal de cargas, uma esteira rolante é utilizada para transportar caixas iguais, de massa M = 80 kg, com centros igualmente espaçados em 1 m. Quando a velocidade da esteira é de 1,5 m/s, a potência dos motores para mantê-la em movimento é P_0. Em um trecho de seu percurso, é necessário planejar uma inclinação para que a esteira eleve a carga a uma altura de 5 m, como indicado. Para acrescentar essa rampa e manter a velocidade da esteira, os motores devem passar a fornecer uma potência adicional aproximada de

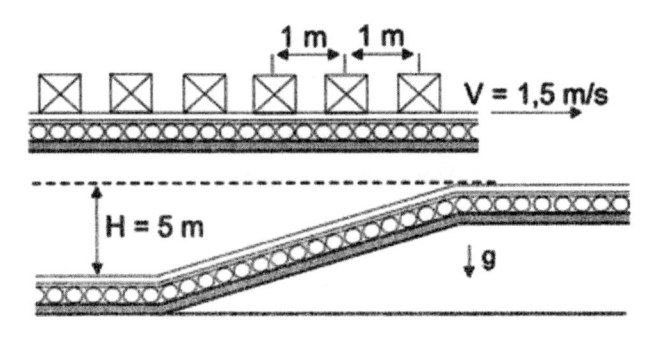

a) 1200 W
b) 2600 W
c) 3000 W
d) 4000 W
e) 6000 W

Resolução.

Como a velocidade da esteira é de 1,5 m/s, as caixas são idênticas e o espaçamento entre seus centros é de 1 m, em média são transportadas 1,5 caixas a cada segundo.

Se no intervalo de tempo Δt de 1 s são transportadas 1,5 caixas e cada caixa tem massa de 80 kg, nesse intervalo de tempo transporta-se a massa de 120 kg, pois 1,5 . 80 = 120.

Considerando a aceleração da gravidade g igual a 10 m/s^2, o peso P desses 120 kg é 1200 N, pois o peso é calculado como P = m . g = 120 . 10 = 1200 N.

Com a inclusão da rampa, as caixas terão de ser elevadas em 5 m. Ou seja, o deslocamento vertical das caixas, no trecho de rampa, é H = 5 m.

O trabalho realizado W pela força peso P = 1200 N na elevação H = 5 m das caixas é igual a – 6000 J, pois, no caso de haver deslocamento "para cima", W = – P . H = – 1200 . 5 = – 6000 J.

Logo, o trabalho que os motores deve realizar é de 6000 J.

Para calcularmos a potência adicional P requerida para a elevação das caixas na rampa, devemos dividir o trabalho de 6000 J pelo intervalo de tempo Δt considerado, que é de 1 s. Ou seja,

$$P = \frac{Trabalho}{Intervalo\ de\ tempo} = \frac{6000}{1} = 6000\ W$$

Concluímos que, para acrescentar a rampa e manter a velocidade da esteira, os motores devem passar a fornecer uma potência adicional aproximada de 6000 W.

Alternativa correta: e.

Como Resolver Derivadas e Integrais - Mais de 150 Exercícios Resolvidos

Autor: Christiane Mázur Lauricella

248 páginas
1ª edição - 2012
Formato: 16 x 23
ISBN: 978-85-399-0092-3

"Como Resolver Derivadas e Integrais" é diferente de outros livros de Cálculo Diferencial e Integral porque, em cada exercício resolvido, há uma conversa simples e direta com o leitor, na qual se descreve o passo a passo de todas as etapas envolvidas na resolução de derivadas (de uma e de duas variáveis, incluindo funções simples e compostas) e de integrais (simples e duplas, tanto as imediatas como as que necessitam de mudanças de variáveis e do método da integração por partes).

Além da linguagem utilizada, da apresentação didática e detalhada e da grande quantidade de exercícios resolvidos (mais de 150), outro diferencial deste livro é o conteúdo, que não se restringe apenas a tópicos iniciais ou finais do curso de Cálculo, abrangendo-o de forma ampla.

À venda nas melhores livrarias.

EDITORA CIÊNCIA MODERNA

A Matemática do Enem - Mais de 110 exercícios resolvidos

Autor: Christiane Mázur Lauricella

288 páginas
1ª edição - 2011
Formato: 16 x 23
ISBN: 978-85-399-0138-8

"A Matemática do Enem" reúne questões do Enem (Exame Nacional do Ensino Médio), desde 1998 até 2010, que envolvem conceitos matemáticos, raciocínio lógico e leitura e interpretação de textos, gráficos e tabelas. Em cada exercício, há uma conversa simples e direta com o leitor, na qual se descreve o passo a passo das etapas necessárias para sua resolução. As questões estão organizadas de acordo com os seguintes temas: porcentagens e percentuais; a reta e o comportamento linear; grandezas proporcionais; comprimentos, áreas e volumes; probabilidades e estatística. Há exercícios adicionais, que envolvem funções exponenciais e relações trigonométricas. Além da linguagem utilizada, da apresentação didática e da grande quantidade de exercícios resolvidos (mais de 100), outro diferencial está nas introduções teóricas, que abordam situações do cotidiano, explorando conceitos a partir de casos do dia a dia do leitor.

À venda nas melhores livrarias.

EDITORA CIÊNCIA MODERNA

Física Mecânica - Volume I

Autor: Damascynclito Medeiros

Parte 1: 504 páginas
Parte 2: 432 páginas
1ª edição - 2010
Formato: 16 x 23

ISBN: 978-85-7393-932-3 - parte 1
       978-85-7393-032-9 - parte 2

Os fundamentos da Ciência, em geral, foram laçados pelos antigos filósofos gregos a partir de 600 a.C. e a Mecânica, como parte dela, tem com eles as suas raízes, particularmente, com Arquimedes e Aristóteles. Com Galileu, inicia-se a 1ª revolução da Física e a Mecânica é definitivamente consolidada por Newton que sistematiza todo o conhecimento dela até a sua época, legando--nos a 1ª concepção mecanicista do Universo.

Com Euler inaugura-se um novo método para a ciência natural: a substituição da prova geométrica de seus antecessores pela demonstração algébrica, que é levado ao extremo por Lagrange, aperfeiçoando assim a Mecânica e a Física, em geral.

A Mecânica Clássica tem por suporte a geometria euclidiana e é eficaz nas experimentações à escala humana [que vai das dimensões da bactéria (10^{-6} m) ao raio da Terra (10^6 m)], podendo ainda ser estendida às dimensões dos átomos (10^{-10} m) e das estrelas próximas (10^{16} m) desde que tais experimentos envolvam velocidades aquém da velocidade da luz como ficou assente após o advento da Teoria da Relatividade Especial.

À venda nas melhores livrarias.

EDITORA CIÊNCIA MODERNA

Impressão e Acabamento
Gráfica Editora Ciência Moderna Ltda.
Tel.: (21) 2201-6662